設計者は図面で語れ！

ケーススタディで理解する

幾何公差入門

栗山 弘［監修］
栗山晃治
北沢喜一［著］

公差設計をきちんと行うための勘どころ

日刊工業新聞社

はじめに

2016年8月に第1弾となる『設計者は図面で語れ！ケーススタディで理解する公差設計入門』を執筆させていただき、今回は第2弾として幾何公差が主体となる本書を執筆させていただいた。2016年は、日本産業規格JISにおいて幾何公差が大きくクローズアップされ、多くの企業において幾何公差図面化が話題となった。大きな図面の変遷期を迎えた2016年と比較すると、現在では、幾何公差導入の取り組みを始めている企業が明らかに増えたと実感しているが、課題を持たれている企業が多いのも実態であり、そのような企業から弊社にご相談をいただくことが増えている。

課題を抱えている企業の多くが、とにかく早急に幾何公差の表記法を習得し、現状の図面を幾何公差化することだけを考えて取り組んでいる場合が多い。それによって何が起こるかというと、不必要な幾何公差が増え、図面を受け取る生産側に混乱を生じさせるだけでなく、品質・コスト・納期において、メリットどころかデメリットを発生させてしまうことがある。

幾何公差図面を実現するために弊社がお伝えするのは、この部品は、どこを基準に、どこをどのように管理したいのか（＝設計者の意図）を明確にして、製品の性能および品質において価値のある部分に適切に幾何公差を使うこと、また、設計者自身も、生産側（特に測定方法）の実態を知り、生産面の条件も把握した上で、最終的な図面を仕上げること、である。

つまり、幾何公差導入を実現するためには、設計者が表記方法を身に付けることは当然必須だが、それだけでは不十分なのである。その前に公差設計技術（設計意図の明確化）が必要であり、また測定方法、品質保証の実態についても把握する必要がある。さらには、幾何公差図面を受け取っても問題がないように生産体制を整備（生産者側における幾何公差図面の読み方、測り方の理解）することも必要だ。先に記述した、弊社にご相談をいただいた多くの企業の皆様に、このことを共感していただき、実践することで「図面改革」における成果を挙げていただいている。

これらのことを、できるだけ多くの方にお伝えできればと思い、本書を執筆した。本書の最大の特徴は、第4章において、実例を用いて「公差設計の実施（P）」

→「幾何公差図面化（D)」→「製造した部品を測定・分析し（C)」、「現図面および今後の設計へフィードバックする（A)」といった公差設計のPDCAのプロセスをわかりやすく説明したケーススタディを体感できることである。設計への要求項目の多様化、開発サイクルの短縮化、業務の細分化などにより、多忙な設計者がこれらのことをOJTの中では身に付けられなくなってしまったことも事実であり、そのような悩みをお持ちの方に、本書を手に取って、課題解決の一助としていただければ幸いである。

その他にも第1〜3章では、幾何公差の必要性から幾何公差の基礎知識を図解でわかりやすく説明している。著者らが教育・コンサルティングを行う中で、受講者が疑問に思った点、講師として特に知っておいて欲しい内容はチェックポイントとして随所に入れ込んだ。チェックポイントでは、世界標準の規格であるISOでしか規定されていない表記方法もいくつか掲載してある。現在のJISの中では規定されていない表現方法であるが、グローバル展開が必須となる企業では、ISOを相当意識して図面を描いている企業もある。

また、第5章では、ケーススタディで用いた図面と実部品を、3次元測定機（接触式および非接触式）により測定、評価する方法を、写真を使って紹介している。弊社が実施する幾何公差セミナーでは、測定方法も交えて紹介することに大変好評をいただいている。

最後に、本書の最大の特徴であるケーススタディの資料提供および多大なアドバイスをいただいたヤマハ株式会社の小林雅彦様、本書執筆にあたり参考とさせていただいた文献の著者の方々、写真などのご提供をいただいた各機関および企業の皆様に深く感謝の意を表するとともに、出版にあたってご高配を賜りました日刊工業新聞社出版局の関係の皆様に御礼を申し上げる。

2020年6月　株式会社プラーナー　著者一同

目　次

第１章　製造業の幾何公差導入　ここが問題

第２章　幾何公差の重要性

第３章　幾何公差の基礎知識

第４章 ケーススタディで理解するGD&T（公差設計と幾何公差）の神髄

第５章　測定結果のフィードバック【ケーススタディ公差設計】

第１章　製造業の幾何公差導入ここが問題

残念ながら日本の製造業の幾何公差導入は進んでいるとは言えない。今や幾何公差は世界共通言語であり、「幾何公差を使っていなければ、正確な図面として認められない」状況になっている。

本章では、なぜ日本の企業で幾何公差の導入が遅れているのか、幾何公差の使用状況などを解説する。

1.1 なぜ幾何公差に躓くのか？（幾何公差の使用状況）

弊社の幾何公差セミナーに参加された約２万人のアンケート結果を分析すると、現状の設計現場の課題が見えてくる。その一部を紹介する（**図 1-1**）。

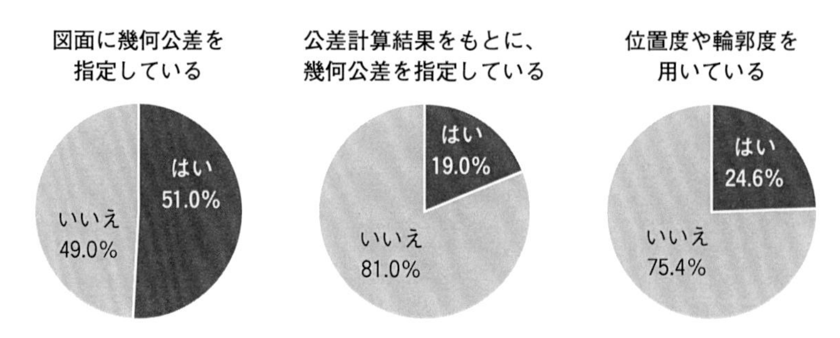

図 1-1　幾何公差の利用状況（2019 年 1 月時点）

半数ほどが「幾何公差を指定している」と答えている。しかし、「公差計算結果をもとに幾何公差を指定している」設計者が 19 %、「位置度や輪郭度を用いている」設計者が 24.6 %である。公差計算と幾何公差は車の両輪であり、どちらが欠けても正しい図面にはならないし、位置度や輪郭度を用いていなければ、幾何公差の一番大事なところを捨ててしまっている（第 4 章のケーススタディ参照）。

幾何公差セミナーに参加される方は、実際の活用で悩んでいる方が多く、真剣に受講されているし、質問も多い。弊社の講師陣は、多くの企業の設計図面を見る機会が多いが、有効に活用できているとはまだまだ言い難い状態である。世界的に利用が進んでいるはずの幾何公差だが、日本国内ではまだ多くの企業で幾何公差の利用が進んでいない。

日本の企業で幾何公差の利用が進んでいない理由としてよく耳にするのが、以下のような内容である。

①　幾何公差は板金ものやプラスチック部品には使えない
②　幾何公差を使うことで検査が難しくなり、工数が増大する
③　幾何公差は設計者だけが知っていればよい
④　幾何公差がなくても、必要な公差はサイズ公差だけで十分

これらはすべて誤解である。一つ一つ見ていこう。

① 幾何公差は板金ものやプラスチック部品には使えない？

⇒**『幾何公差は素材・製造方法などに関係なく適用することができる』**

板金であっても樹脂であっても、幾何公差は問題なく使うことができる。設計意図を正しく反映できる指示になっているかが重要であって、これについては幾何公差もサイズ公差も同様である。

② 幾何公差を使うことで検査が難しくなり、工数が増大する？

⇒**『測定工数・難易度は従来と変わらない』**

幾何公差を使うことで3次元測定が増えるが、3次元測定の場合、同時にサイズ公差も測定することができるので、設備があれば工数や難易度はそれほど変わらない。

また、サイズ公差では正しく測定できなかった部分や検査を諦めていた部分の測定も可能となり、製品の品質保証を確実に行うことができるようになる。

③ 幾何公差は設計者だけが知っていればよい？

⇒**『幾何公差は図面に関わる全部門の人が理解していなければならない』**

設計者だけが知っていればいいと思っているのであれば、その企業では幾何公差の利用は進まないだろう。検査部門や加工部門、外部に製作発注を行う手配部門などの方々は、各々の担当業務の中で、必ず公差を根拠に判断を下す場面があるからである。

- 手配部門：「この公差での加工が可能な業者はどこか…」など
- 加工部門：「この公差で安定して量産できるのか…」など
- 検査部門：「この公差を測定できるのか…」など

④ 幾何公差がなくても、必要な公差はサイズ公差だけで十分？

⇒**『サイズ公差と幾何公差とでは公差の狙いが違う』**

詳細は第2章2.2節で詳しく説明するが、サイズ公差と幾何公差は、その指示に込められている設計意図が違う。それぞれの役割をよく理解して併用することが重要である。

1.2 日本の製造業は幾何公差導入を迫られている

グローバル化によって海外企業との図面のやり取りや加工検討などの場面が増えている。これによって、日本国内の設計者、測定者、加工者の方々は、幾何公差に触れる機会がどんどん増えている。

幾何公差を知らなければ、日本企業は世界から取り残されていってしまうことは明白であり、遠い世界のことではない。

1.2.1 国際的な幾何公差の使用状況

国際規格であるISOの中で、GPS規格というものがある。

GPS（Geometrical Product Specifications）は『製品の幾何特性仕様』である。幾何特性とは、寸法・形状・姿勢・位置・表面粗さなどが該当し、それぞれに公差の定義・図面指示方法・評価方法・検証方法・測定の不確かさの算定方法などを規格として体系化しているのがGPS規格である。幾何公差はこのGPS規格の中核をなしており、すでに世界的に普及が進んでいる。

またアメリカの規格であるASMEでは3D図面の規格が整備されているが、当たり前のように幾何公差が使われている。このように海外の図面では幾何公差の利用が当たり前であり、幾何公差が入っていない日本の図面をそのまま海外へ展開して、以下のようなトラブルに見舞われた例も聞いている。

- サイズ公差のみの図面で手配したら歪んだ製品が届いた
- 幾何公差のない量産図面を海外の協力企業の生産拠点へ出したら「これでは品質保証ができない」と言われてしまった

こういったトラブルの原因の多くが「設計意図が伝わらない」図面であることに起因している。幾何公差導入が重要なのは、この伝達のトラブルを解消する有効な手段だからなのである。

さらに、幾何公差が重要なことは前述の通りであるが、ただ幾何公差を使えば良いというものではない。正しい公差設計と正しい幾何公差指示がセットになってこそ製品品質を保証できる図面となる。この考え方がGD&T（Geometric dimensioning and tolerancing）と呼ばれているもので、第2章 2.1.5項で詳しく説明する。

1.3 JISへの幾何公差規格の展開状況と今後の流れ

現在、日本で制定されている幾何公差に関する規格の中で主なものを**表1-1**に示す。

表1-1 幾何公差に関する主なJIS規格

JISの規格	内　容	該当するISOの規格
JIS B 0021	製品の幾何特性仕様（GPS）–幾何公差表示方式–形状、姿勢、位置及び振れの公差表示方式	ISO/DIS 1101
JIS B 0022	幾何公差のためのデータム	ISO 5459
JIS B 0023	製図–幾何公差表示方式–最大実体公差方式及び最小実体公差方式	ISO 2692
JIS B 0024	製品の幾何特性仕様（GPS）–基本原則–ＧＰＳ指示に関わる概念、原則及び規則	ISO 8015
JIS B 0025	製図–幾何公差表示方式–位置度公差方式	ISO/DIS 5458
JIS B 0026	製図–寸法及び公差の表示方式–非剛性部品	ISO 10579
JIS B 0027	製図–輪郭の寸法及び公差の表示方式	ISO 1660
JIS B 0028	製品の幾何特性仕様（GPS）寸法及び公差の表示方式–円すい	ISO 3040
JIS B 0029	製図–姿勢及び位置の公差表示方式–突出公差域	ISO 10578

※ JISに適用するにあたって、ISOの内容から抜粋されている部分もあるので、完全に同一内容ではないことに注意。

JISは基本的にはISOに準拠して制定されているので、ISO規格の制定・改訂に対して更新は遅くなってしまう。幾何公差の規格についても、より効率的で使いやすくするための改定がISOでも継続的に行われている。よって、海外との図面のやり取りのある設計者は、相手先で適用されている規格には常に関心を持つことが必要である。

特に今後は、ISOやASMEで3DA（スリーディーアノテイテッド）モデル（※）を利用した3次元図面の規格の整備が進むと見られているため、幾何公差の規格（表記や付加記号、付帯記号、3D上での表記など）もこの流れに応じて改定されていくのは明らかである。

※**用語解説** 3DAモデル：3D Annotated Model（3次元製品情報付加モデル）。アノテーションで情報が付いた3Dモデルのこと。

Check! サイズ公差と幾何公差

最近「サイズ公差」という言葉をよく聞くけど、知ってる？

幾何公差とは別物だという認識をしてもらうために、
サイズ（大きさ）を指示する寸法公差を「サイズ公差」と
名称変更したと聞いたことがあるよ

従来、「寸法公差」が適用されるのは**図 1–2** に示すように“長さ寸法”“位置寸法”“角度寸法”という理解がされてきた。2016 年 3 月の JIS の GPS 規格の大幅改定に伴い、JIS B 0401–1：2016 の解説の中で、位置を指定する寸法については、「寸法公差」ではなく、「幾何公差」を適用すべきであるとしている。また、サイズを指示する寸法公差を「サイズ公差」と呼称変更した。

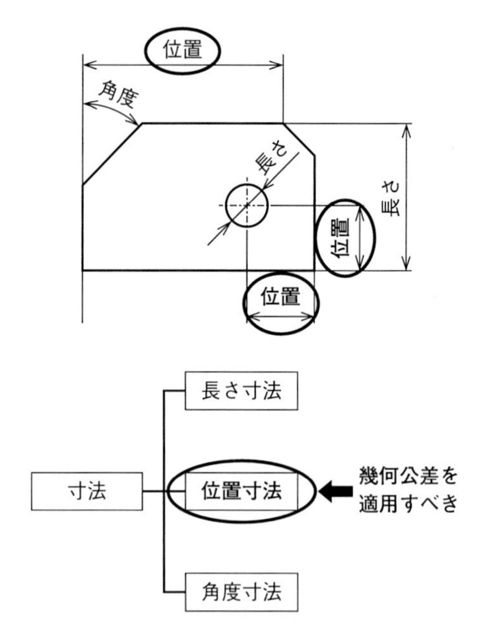

図 1–2　従来の JIS における「寸法」および「寸法公差」の概念

図 1-3 に示すように、寸法は「長さ」と「角度」に分類され、「2つの形体間の距離」と「サイズ（大きさ）」に分けられる。2つの形体間の距離（位置・姿勢など）は「幾何公差」を適用し、サイズ形体の大きさは「サイズ公差」で指示する。サイズ形体は**図 1-4 (a) (b)** を参照。

なお、サイズ公差と幾何公差の違いについては、第 2 章 2.2 節でより具体的に説明する。

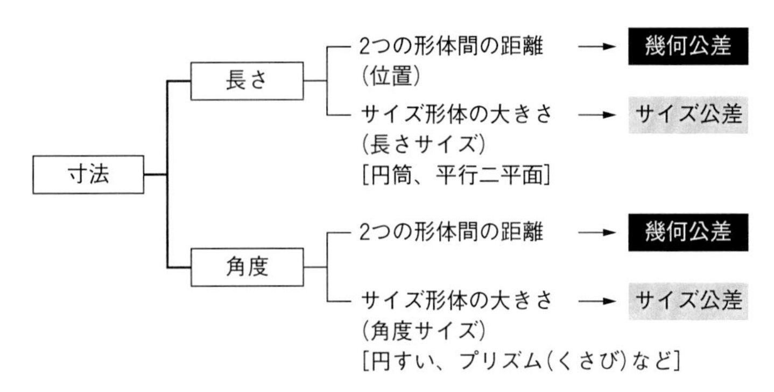

図 1-3　「寸法」「サイズ」および「公差」に関わる国際的に共通な理解

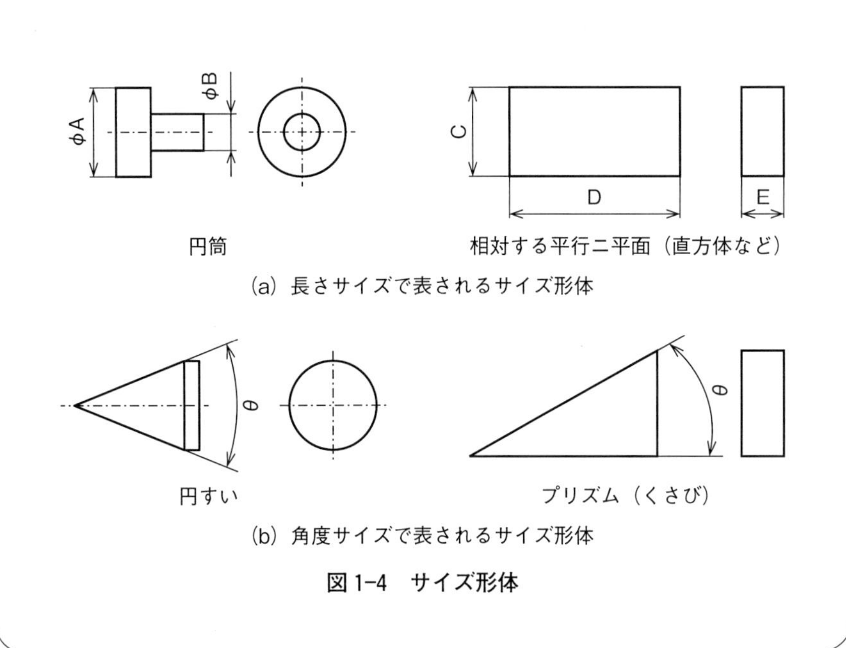

図 1-4　サイズ形体

Check! 2016年JIS改訂で変わった用語

サイズ（大きさ）を指示する寸法公差を「サイズ公差」と名称変更したと説明したが、他にも変更されている用語があるので主なものを紹介する（**表 1-2**）。

以降、本書を読み進める参考にしてほしい。

表 1-2　用語の対比表

現在の用語（JIS B 0401-1：2016）	旧用語（JIS B 0401-1：1998）
サイズ形体	—
図示サイズ	基準寸法
当てはめサイズ	実寸法
許容限界サイズ	許容限界寸法
上の許容サイズ	最大許容寸法
下の許容サイズ	最小許容寸法
サイズ差	寸法差
上の許容差	上の寸法許容差
下の許容差	下の寸法許容差
サイズ公差	寸法公差
サイズ許容区間	公差域
基本サイズ公差	基本公差
基本サイズ公差等級	公差等級
公差クラス	公差域クラス
はめあい幅	はめあいの変動量
ISO はめあい方式	はめあい方式
穴基準はめあい方式	穴基準はめあい
軸基準はめあい方式	軸基準はめあい

第２章　幾何公差の重要性

今やグローバル化する製造業では、幾何公差を採用しない図面は、国内外ともに取引の対象にならなくなりつつある。欧米では50年前から幾何公差を必須の設計ツールとして定着させ、現在では幾何公差を採用しない図面は設計図面ではないとまで言われている。

本章では、幾何公差と並んで重要な公差設計との関係や、サイズ公差と幾何公差の違いなどを解説する。

日本は、高品質生産工程管理が企業内・事業所内で確保されており、これまで図面指示のあいまいさについてはあまり問題視されることはなかった。これは、そのようなあいまいさの部分に関しては、実際の加工を担当する現場作業者の熟練した技能によりカバーされてきた部分が大きかったと言える。日本が作り出してきた機械製品の品質の高さは、この熟練した技能により維持されてきたことは事実だが、近年、生産現場を支えてきた熟練技術者が減少してきていることも事実である。また、製造も海外にシフトし、あいまいさをカバーしてくれた熟練者に頼ることができなくなってしまった。

そのため、従来の日本が行ってきた方法から、あいまいさを排除し、より詳細に製品形状について指示する方法への転換を、日本の産業界として考えなければならない状況に迫られている。

GPS規格に関する標準化は、ISO／TC213（1996年に新設）において欧州主導で進められており、2005年から幾何公差をベースとしたISO/GPS規格（製品の幾何特性仕様）を、取引に際して要求することを実施する前提で進められてきた。

危機感を持ったJSA（Japanese Standards Association：（財）日本規格協会）は、2016年3月に「製品の幾何特性仕様（GPS）—寸法の公差表示方式—JIS B 0420-1」を制定し、以下のような勧告（抜粋）を出している。

「現状の多くの日本の図面では，決して欧米諸国などの技術者には理解されないものになってしまう。こんな状況を，今後も看過するなら，極論すれば，いわば図面鎖国状態となり，日本人が描いた図面は海外では通用しないものとなり，日本の技術力に信用及び国際性がなくなってしまう可能性が今以上に大きくなることは必至である。」

Check!　幾何公差の幾何の語源を知ろう！

英語で幾何学はGeometryと呼ばれ、古代エジプトで生まれたものである。幾何という言葉はgeoの読みを中国語にしたという説がある。Geo ⇒「gi（幾），ho（何）」である。広辞苑の幾何には「いくばく」の意味があり、土地の意味もあるようで、英語のmetryが測る意味があることから古代エジプト時代から土地の測量に用いられていたようである。

ピラミッドの測量技術は素晴らしいものがあるが、幾何公差の源になっている縁がとても頼もしいと思う。

2.1 公差設計と幾何公差について

2.1.1　公差と公差設計

部品個々の寸法には必ずばらつきがある。一般には、ばらついても良い範囲が公差と考えられているが、この考えは公差を受け入れる製造者側の解釈である。設計者側から見れば、製品仕様と製造条件およびコストを考慮し、設計者自らが設定するものが公差（許容範囲）である。

実際の設計においては、**図 2-1** のように寸法および公差が決められる。

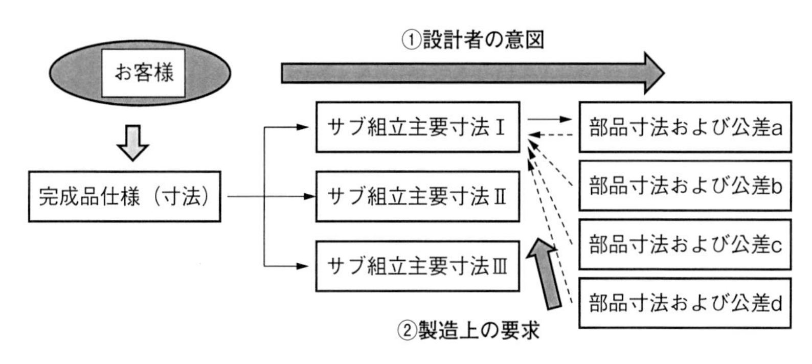

図 2-1　公差設計の流れ

①　設計者の意図

お客様の要求に基づいて完成品仕様を決める。この完成品仕様を満足させるためには、サブ組立主要寸法が「ある範囲」に入ることが要求される。そこから各部品の寸法と公差が決定され、設計者の意図が反映された図面となる。

完成品の小型化・高機能化などの要求を満足させるためには、設計側は公差設計上から厳しい公差を要求せざるを得ない。

②　製造上の要求

これに対して製造側は、短時間・低コストで作るために、厳しい公差に対しては公差値の緩和を要求したい。しかし、設計の要求が完成品仕様を確保するために公差の緩和ができないのであれば、部品のコストはアップする（**図 2-2**）。

逆に、先述の「ある範囲」に対して部品個々の公差を大きくすれば、完成品に

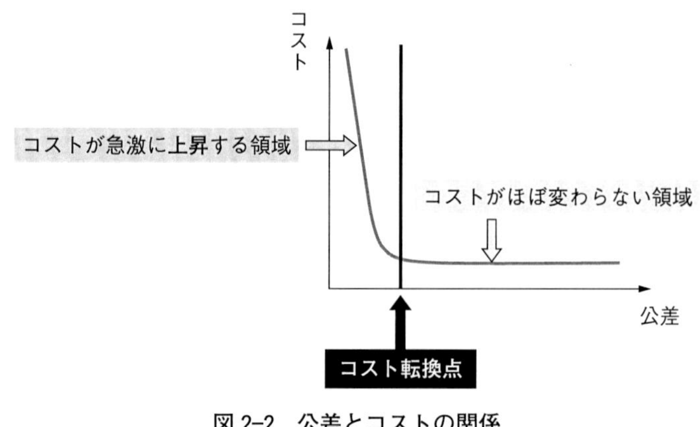

図 2-2　公差とコストの関係

不具合が発生する可能性が高まり、場合によってはトータルコストが高くなってしまうことも考えられる（もちろん、この公差値が必須であることがきちんと説明され理解できれば、その実現に向けて頑張ってくれるのが製造担当の皆さんであることは言うまでもない）。

したがって、設計者は①（設計者の意図）と②（製造上の要求）を**『完成品の仕様・品質』**と**『経済性（コスト）』**という両視点のバランスが取れた設計および各公差値の設定をしていく必要がある。これが**公差設計**であり、設計者の意図を確実に製造者に伝える手段が**幾何公差**である。

2.1.2　公差設計の重要性

現在の設計者を取り巻く環境は日々変化しているとともに、多岐にわたる仕事をこなすことが要求されている。製品設計を例に取ると、初期の製品仕様から図面作成・解析・試作・生産工程検討といった主体業務だけでなく、特許出願・標準化・資料整理といった付帯業務まで幅広くこなさなくてはならない。

そうした多忙な環境下において、設計者はサイズ公差・幾何公差をどのように設定しているのだろうか？ 従来の類似部品の図面から引用している、KKD（勘・経験・度胸）で決めているといったことになっていないだろうか？ 設定した公差の値によって製品コストや性能・品質が大きな影響を受けることを理解しているだろうか？

公差設計に関する技術力を高めることが、ひいては製造業の競争力向上につながるといっても過言ではない。

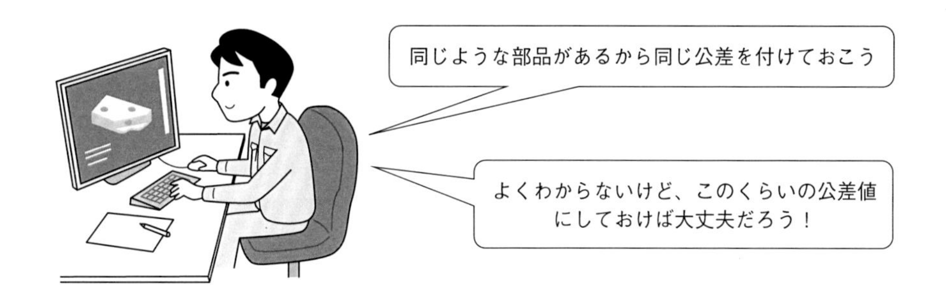

同じような部品があるから同じ公差を付けておこう
よくわからないけど、このくらいの公差値にしておけば大丈夫だろう！

2.1.3　公差設計と幾何公差

工作機械の性能がどんなに高まっても、同じ条件の下で加工した部品の寸法や形状には微小な誤差が、つまり「ばらつき」が発生する。例えば、合成樹脂の射出成型品を作る場合、成型機を同じ条件で動かし続けても、気温や湿度といった環境の変化、金型の摩耗などによって成型品は影響を受ける。組立においても、手作業か自動かに関わらず組付誤差は生じる。

この誤差を小さくする取り組みが、設計・製造の両面から行われるが、それでもゼロにはならない。基本的に、この誤差は組立品の目標とする寸法などを中心にばらつく。このばらつきの許容範囲を、製品の品質やコストなどを総合的に考えて決めるのが**公差設計**である。

公差設計の中心となるのは、この「公差の値を決めること」ではあるが、ここで終わっては公差設計の実力は向上しない。公差を設計図面に表記し、製造して部品・製品が出来上がったら、設定した公差の値が適切だったかどうか評価し、次の製品設計へとフィードバックする仕組みが必要となる。これが『公差設計のPDCA』である（**図 2-3**）。

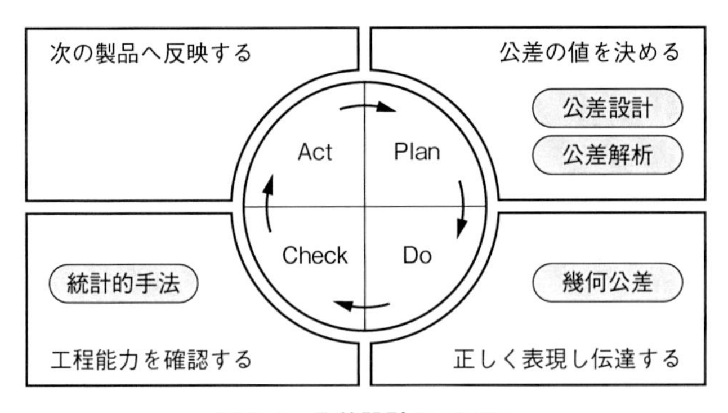

図 2-3　公差設計の PDCA

公差設計の PDCA

品質やコストなどを総合的にバランスよく考えて公差の値を決める公差計算は、PDCA の「Plan」に相当する。

公差計算結果は設計者の意図であり、後工程に正しく伝えなければならない。その伝達手段が図面である。図面に公差の情報を正確に表現することが PDCA の「Do」に相当する。

次に、製作された部品が設計図面通りに出来上がっているかどうか、組み立てられた製品の状態が設計目標通りになっているかどうかを確認するのが PDCA の「Check」に相当する。ここでは必要十分なデータを採取し、そのデータが公差に対してどのようにばらついているか（これが工程能力、127 ページ参照）を把握することが必要になる。

最後に、収集した情報を分析し、必要なら対策をとる、あるいは次期開発製品における公差設計へと反映させるのが PDCA の「Act」である。設定した公差値が工程能力に見合ったものだったか、公差の表現が適切だったのかを確認し、不十分な点を修正することになる。

設計意図を正確に伝達できる幾何公差こそ、まさに「Do」において真価を発揮するためのものである。この幾何公差による「Do」を含めた公差設計の PDCA を確実に回していきながら、公差の「質」を向上させていくことが非常に重要な取り組みとなる。

2.1.4　幾何公差のメリット

では、幾何公差で表記するとどんなメリットがあるのだろうか？

ここでは、サイズ公差で表記された部品との比較をすることで、そのメリットを紹介する。

2.1.4(1)　図面のあいまいさの排除

図 2-4 は直方体の設計図面である。間違いがあるわけではないが、これだけでは設計者の意図を製造者に正しく伝えるには不十分な場合が多い。

高さ方向の 30±0.3 については、**図 2-5** に示すように 29.7〜30.3 の公差域の範囲で、下面と上面が平行な部品ができてくるのが当たり前だと思っている設計者も少なくないだろう。しかし、サイズ公差 30±0.3 の指示だけでは、**図 2-6** のような部品ができてきても文句は言えない。これは設計意図に合致しているのだろうか。

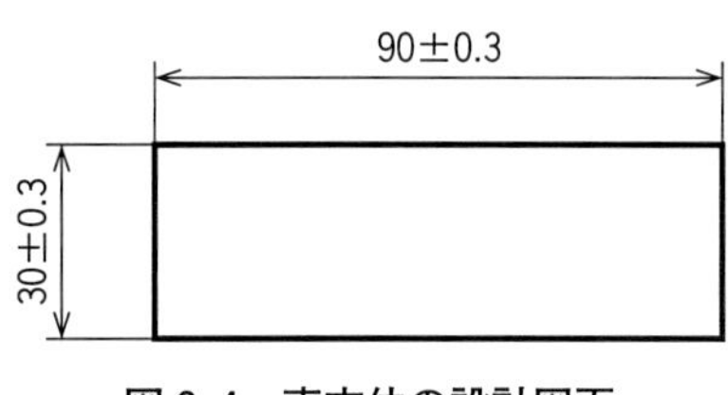

図 2-4　直方体の設計図面

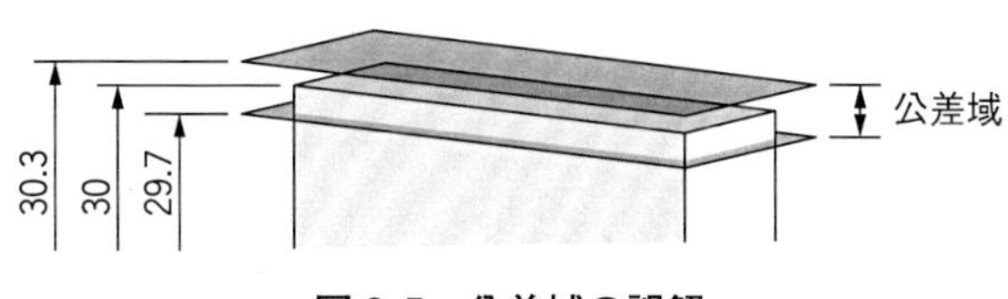

図 2-5　公差域の誤解

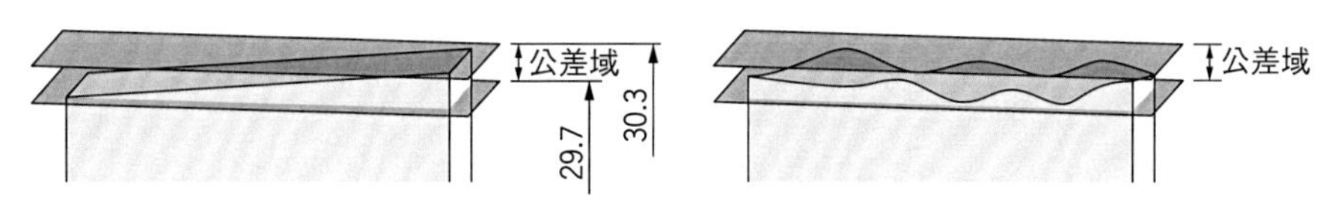

図 2-6　一般的な解釈

設計者の意図は、『直方体の高さ方向（30）は寸法的には±0.3ばらついてもよいが、下面に対する上面の平行性は0.05を確保してほしい』であったとする。

それでは、この設計意図を明確に伝えるために、幾何公差を用いた図面に修正してみよう。**図2-7**が幾何公差を用いた図面である。

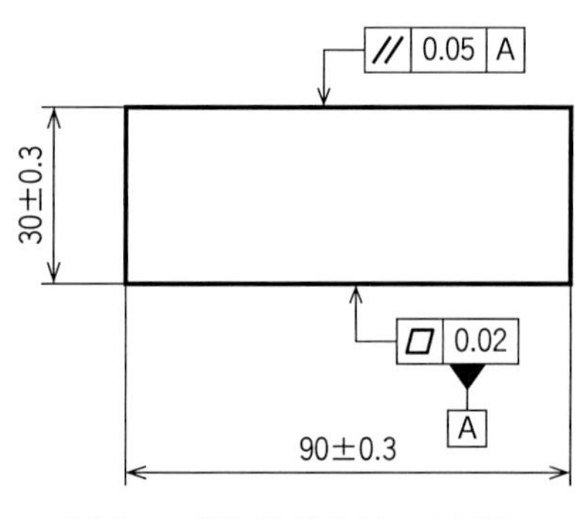

図2-7　幾何公差を用いた図面

上面には平行性0.05を明記し、その平行性0.05を確保するため、基準である下面に対して基準としてふさわしい平面度（ここでは0.02）を指示している。これで、設計意図は明確に表現できたし、図2-6のような部品ができてくることはあり得ない。各幾何公差の記号については、第3章で詳しく説明する。

2.1.4(2)　経済的効果

それでは、幾何公差を用いずに下面に対する上面の平行性0.05を確保しようとすると、どういう指示になるか。**図2-8**が、サイズ公差のみで下面に対する平行性を期待している図面となる。

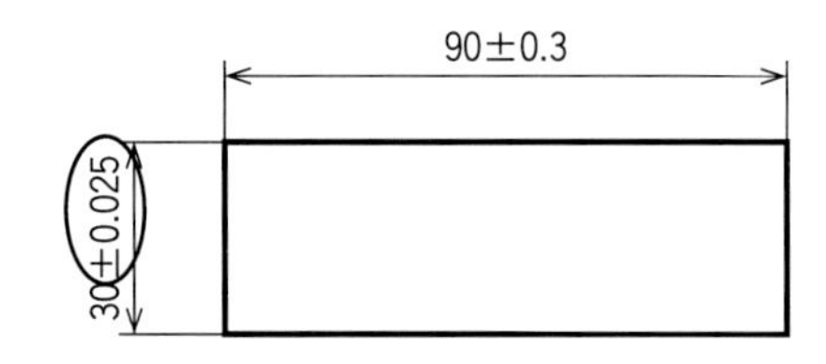

図2-8　サイズ公差のみで平行性を指示した場合

この直方体が金属部品であり、フライス加工での仕上げとする場合、図2-7の図面での加工であれば1回の加工で済むものが、図2-8の図面では、荒・中・最終仕上げの３段階くらいに分けて加工しないと精度が出せなくなる。したがって工程が３倍、加工コストは３倍以上になる。

また、測定に関しては、サイズ公差だけの表記では、２点測定が基本となるため、どこを測定すれば良いかも正確に伝えられていない。

設計意図をいかに正しく伝えるかは非常に重要であり、幾何公差はその具体的手段として適していることを理解してほしい。

2.1.5　公差計算と幾何公差はセットで検討する―GD&Tの考え方

公差計算による公差値の決定と、製造・検査など後工程に正しく伝えるための幾何公差方式による図面への表記は、いわば車の両輪として身に付けなければならないスキルである。これら一連のシステムを、GD&T（Geometric dimensioning and tolerancing）と呼んでいる。2.1.3項でも述べたが、まさにこれが公差設計の「Plan」と「Do」である。

GD&Tの取り組みを、具体的な事例で説明しよう。「公差計算の仕方を教えてほしい」と図面を持参して相談を受けることが多いが、よくある事例として**図2-9**のような形状をした部品を用いて（実際はもっと複雑な形状だが）わかりやすく紹介する。

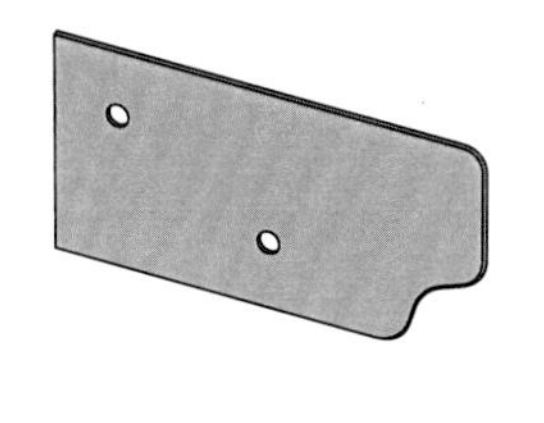

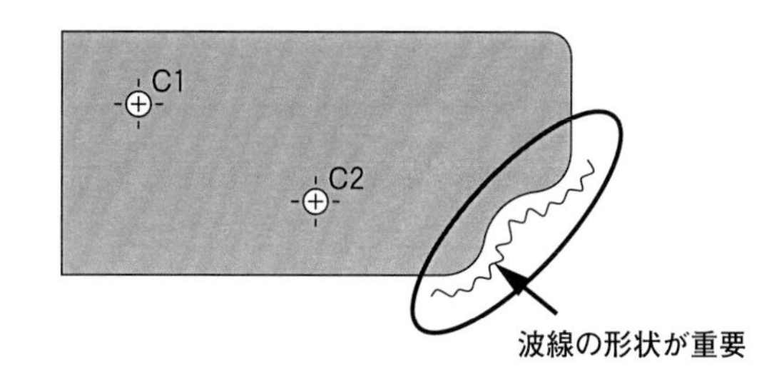

図2-9　設計者の意図

この部品における設計者の意図は、図2-9の左側の３次元モデルにある２つの穴（C1・C2）を基準として組み付ける部品であり、波線で示した部分の形状が非常に重要だと言う。つまり、省略しているが製品にした場合、相手側の部品（波線部と同様の形状をした）との均一な隙間管理が性能に大きく影響する、この公差計算を教えてほしい、という例である。

このケースなら、読者はどのような図面を書くか、少し考えてほしい。**図 2-10** は、従来一般的であった寸法公差の指示例である。実は、筆者らの会社には、これに類似した図面を持参して、公差計算の仕方を教えてほしいという依頼が相当数あった。

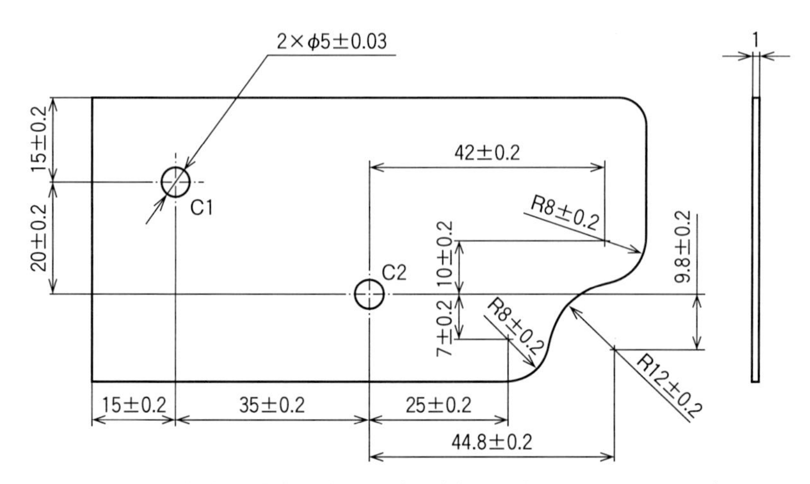

図 2-10　従来の寸法公差図面（設計意図が表現されていない例）

図2-10では前述した2つの穴が基準という設計者の意図は何も表現されていない。寸法を入れてみて、ついでに公差も指定してみた、という程度のものである。この図面では多くの公差が影響して、目的形状（R8とR12とR8で形成された連続形状）は大きくばらつくとともに、複雑に絡み合っていて公差計算が非常に難しい（できないとは言わないが）。

例 1

仮に、C1穴からの公差計算を考えてみよう。目的形状である右側のR8の位置は、X方向の公差計算とY方向の公差計算が影響して、さらに半径の公差値も影響する。このようなわずかなR形状部に公差を指定することも、かつそれで連続した目的形状を管理しようとすることも本来あり得ない。このような図面を描いているとすれば、「図面と違うものができてくる」という管理者の嘆きもよく理解できる。当然、現場において、14個の寸法公差部分を測定するのは非常に大変であるし（公差があれば、必ず測定しなければならない）、目的形状を保証することもできない。この図面で相手部品との隙間の公差計算を行うことは非常に大変であるし、むしろ意味がない。

この事例を用いてセミナーの最初に図面を描いてもらうと、やはり相当多くの方が、図 2–10 と同様の図面を描くというのが現在の実態である。

例2

次の図面を見てみよう。**図 2–11** は、図 2–10 の図面に対して、単純に幾何公差を使ってみた、というものである。幾何公差を使ったことで、寸法公差の指定箇所が大幅に減って、スッキリした図面になっている。また、R に対する公差指示がないので、現実的に測定が困難な R の測定の必要がなく、太い一点鎖線で示した部分を輪郭度（第 3 章 3.7.4 項参照）測定により、設計理想形状に対する偏差を調べれば良いことになる。ただ、公差計算の視点では、依然、データム B・C からの重複した公差指示となっており、公差設計上にムダがある（データムについては第 3 章 3.3 節を参照してほしい）。

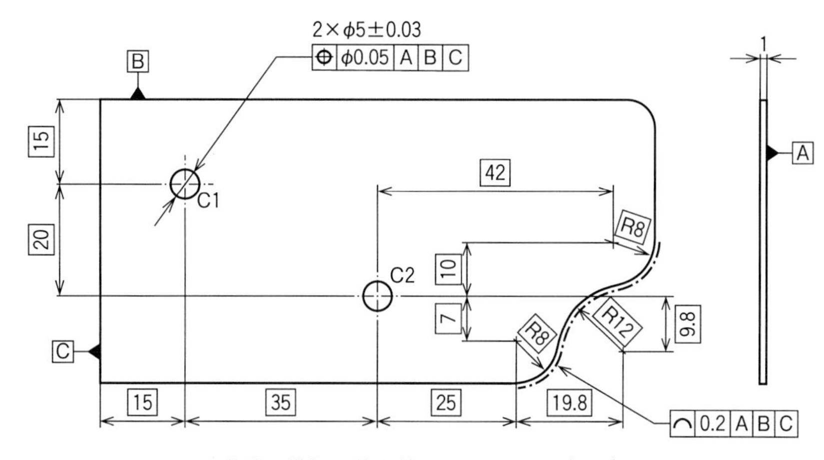

図 2–11　単純に幾何公差を使ってみた図面（ムダがある例）

例3

では、より設計意図を反映した図面はどのようなものか。**図 2–12** を見ていただきたい。図 2–11 との違いは、データム B・C を基準とせず、新たなデータム D を設定しているところにある。

このデータム D について説明する。本事例の設計者の意図である 2 つの穴基準のような場合によく使われる手法で、**グループデータム**（第 3 章 3.3.4 (4)参照）と

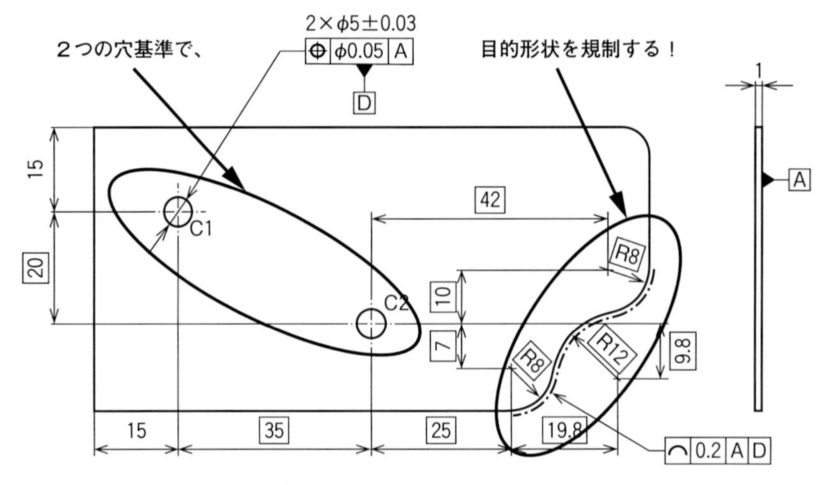

図 2-12　公差設計をした上で作られた幾何公差図面

言う。JIS B 0022では、「形体グループをデータムとする指示」と記載されているが、ここでは略してグループデータムとした。

幾何公差では一般的にデータム平面 A、データム平面 B、データム平面 C の 3 平面データム系によって幾何公差を指示することが多い。しかし、本事例のように外形基準ではなく、穴や軸基準で輪郭度を規制したいというケースはかなり多くある。こういうときには、このグループデータムが大変有効である。このように、幾何公差を有効活用することにより、設計者の意図（本事例では 2 つの穴基準で目的形状を規制する）を正確に表現できるようになった。

目的形状をダイレクトに規制する（この場合は理想形状に対して ±0.1）ことで、要因数（公差の指定箇所）が 14 から 2 か所へと大幅に減り、公差計算は著しくやりやすくなるし、測定方法も明確となり、当然、品質管理も含めて大きなメリットがある。

正しく公差設計ができている設計者は、重要な箇所を必ずダイレクトに管理したくなる。その表現ツールとして幾何公差（特に、輪郭度と位置度）を使用する。公差計算は製品で行うべきものであり、部品の中で公差計算を行うことは、本来あり得ない。公差計算しやすい設計こそ、管理しやすい設計であり、当然、部品も作りやすいし、組立もしやすい。公差計算をやればやるほど、幾何公差が欲しくなる。

3次元公差解析ソフトを用いることもおおいに結構であるが、その前に**「図面が正しく書かれているか」**のほうがはるかに重要である。

我が国の製造業は、欧米ですでに確立された製品を取り入れることで成長してきた。アーキテクチャのある程度決まっている製品に対して改良設計という形で品質や機能を高めることに注力してきたのである。しかし、長らく作る物が決まっている状況下で設計を続けていくうちに、次第に流用が増え、図面に設計意図を込める、製造を考えて設計するという配慮が欠けていってしまったのではないだろうか。幾何公差を記述する場合にも前任者の図面から写し取っているケースが少なくないようだ。

公差設計に取り組むことは、鈍磨してしまった製造業の本能を呼び覚ますうえでも有効であろう。折しも現在、製造業に強く求められているのは、今までにない新しい製品である。世界初、自社初の製品を設計するために、GD&T はなくてはならないスキルであり、読者諸氏の大いなる武器になってくれるものである。

Check! グループデータムの表記方法（ISO）

ISO 5459：2011（**図 2-14**）では従来のグループデータムの標記が変更になっている。しかし、現時点では JIS B 0022-1984 は、ISO 5459：1981（**図 2-13**）のままである。今後、JIS 改訂も考えられる。

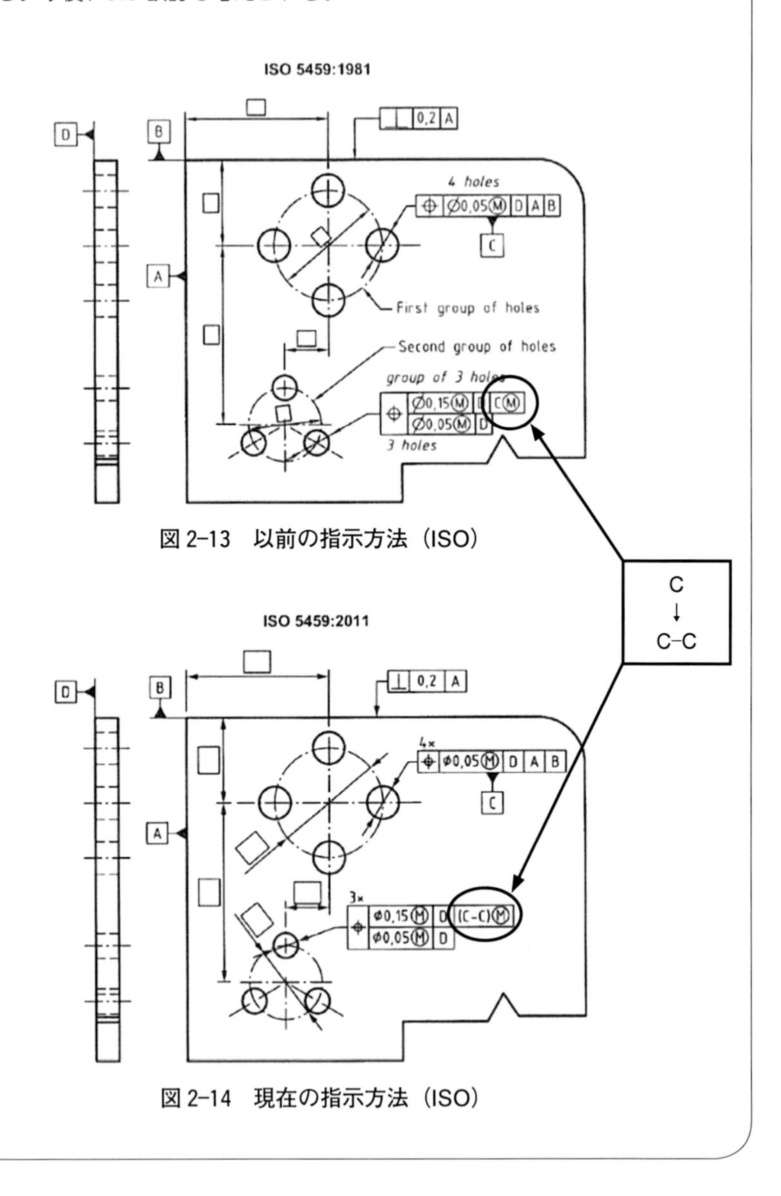

図 2-13　以前の指示方法（ISO）

図 2-14　現在の指示方法（ISO）

2.2 サイズ公差と幾何公差の違い

実際に、サイズ公差と幾何公差は何が違うのか？以下の5つの違いがある。

① 公差で規制したい狙いの違い

② 測定方法の違い

③ 公差域（規格の幅）の違い

④ データムの有無

⑤ 国際的工業規格との関係

2.2.1 公差で規制したい狙いの違い

図 2-15 はサイズ公差と幾何公差を併記した図面である。厚みの 30±0.3 と、幅を示す 90±0.3 の表記がサイズ公差で、30±0.3 を例に取れば、基準寸法 30 に対してマイナス側に 0.3（下の許容サイズ）、プラス側に 0.3（上の許容サイズ）、すなわち長さが 29.7～30.3 の範囲に入っていることを示す。つまり、『**サイズ公差とは上と下の許容サイズの差であり、サイズ（この図例では長さ）を規制する**』。

一方、平行度公差、平面度公差と記してあるのが幾何公差の表記である。平行度を例に取ると、下の基準面（A）から、平行度公差を指示した上面までの高さを測定したときの最大・最小値の差が 0.05 の範囲の中（公差域）に入っていること、すなわち A 基準で平行の程度が 0.05 以内であることを表す。つまり、『**幾何公差は公差域を指示して平行のような姿勢や平面のような形状を規制する**』。

以上のように設計者が公差で規制したい狙いが違うのである。

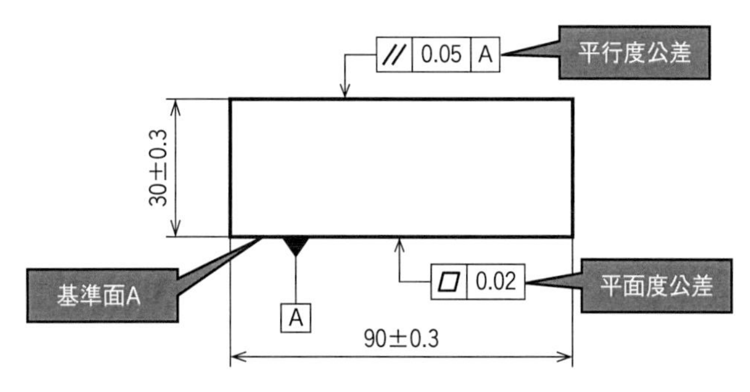

図 2-15 サイズ公差と幾何公差を併記した図面

2.2.2 測定方法の違い

サイズ公差での測定方法の一例を**図 2-16** に示す。サイズ公差での測定は２点測定が原則である。この図ではノギスを使用しており、その他の２点測定用の測定機としては、マイクロメータがある。図 2-16(a)は、板もの部品の高さを２点で測定している図で、図 2-16(b)は円筒部品の直径を測定している図である。

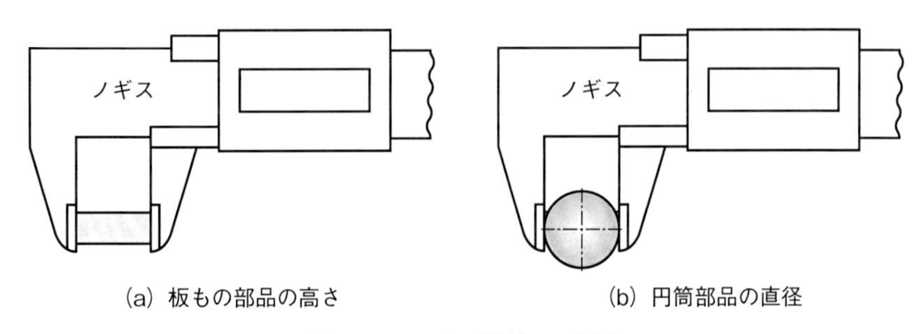

(a) 板もの部品の高さ　(b) 円筒部品の直径

図 2-16　サイズ公差での測定

それでは、円筒部品の直径を測定する例から、この２点測定の特徴を考えてみよう。**図 2-17(a)** は直径 10 mm の円筒の図面で、**図 2-17(b)** は２点測定で４か所測定している図である。寸法測定では２点測定を行って、各測定ポイントでの測定値が 9.95〜10.05 に入っていなければならない。

この円筒形部品は中間で曲がっているが、２点測定ではこの曲がりや変形は検出できない。このように、２点測定では製造現場で測定が容易にできる反面、曲がりや変形などを検出できないデメリットがある。

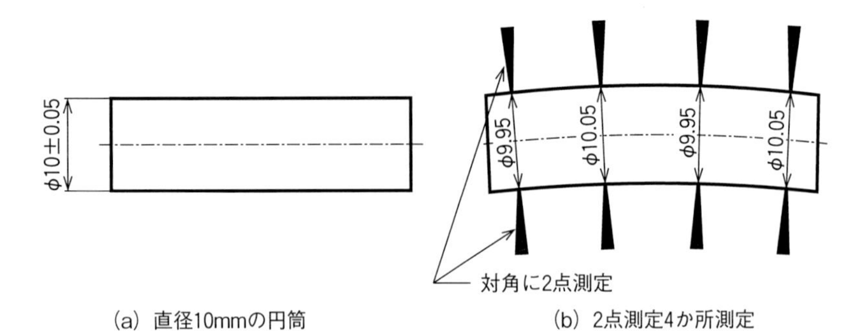

(a) 直径10mmの円筒　(b) 2点測定4か所測定

図 2-17　２点測定の例

次に、**図2-18**では板金部品の高さを従来の寸法公差で指示しているが、サイズ形体ではないので、幾何公差で指示することになる。幾何公差で指示した図面が、**図2-19**であり、下面を基準面Aとし、面の輪郭度で規制している。

この段差を測定する場合、簡易的な方法では、部品を定盤上に置いて、左側を治具で固定し、ハイトゲージで段差を測定する。一般に幾何公差を測定する場合は、測定する部品をテーブルや定盤の上に設置し、固定して測定箇所に測定端子を当てる方法を採る。

幾何公差の代表的な測定機として、**図2-20(a)**にハイトゲージ、**図2-20(b)**に接触式3次元測定機（測定端子が部品に直接触れるタイプ）を示す。その他の接触式測定機にはダイヤルゲージ、真円度測定機、形状測定機などがある。また、

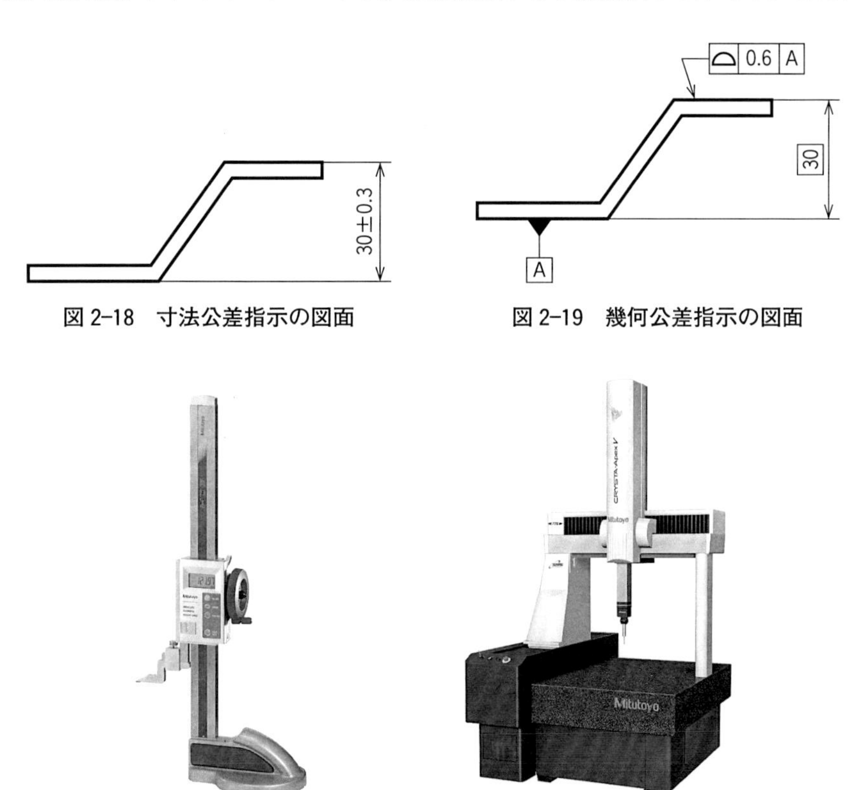

図2-18　寸法公差指示の図面

図2-19　幾何公差指示の図面

(a) ハイトゲージ

(b) 接触式3次元測定機

図2-20　接触式測定機
(写真提供：(株)ミツトヨ)

非接触測定機には、光学式・レーザー式それぞれの仕組みで、投影機や測定顕微鏡など数多くの測定機・装置が存在する。

Check! 罫書きにも使えるハイトゲージ

罫書き（ケガキ）とは、図面に基づいて部品を加工する際に、加工する場所に目印をつけることである。ハイトゲージは罫書きを行うのにもよく使われる（**図 2-21**）。

ハイトゲージは品物の高さや平行度などを測定する測定機だが、0.01 mm 単位で高さ測定ができ、測定子の先端が鋭利な刃先になっていることから、罫書きを行うのにも適している。

使い方としては、加工物とハイトゲージを同じ定盤上に置き、図面に指示された高さに目盛りを合わせ、測定子の先端で加工物の面上に線を引く。この線を目印に研削や切削加工などが行われる。

扱いは比較的容易であるので、設計者の方々も実際に使ってみることをお勧めする。

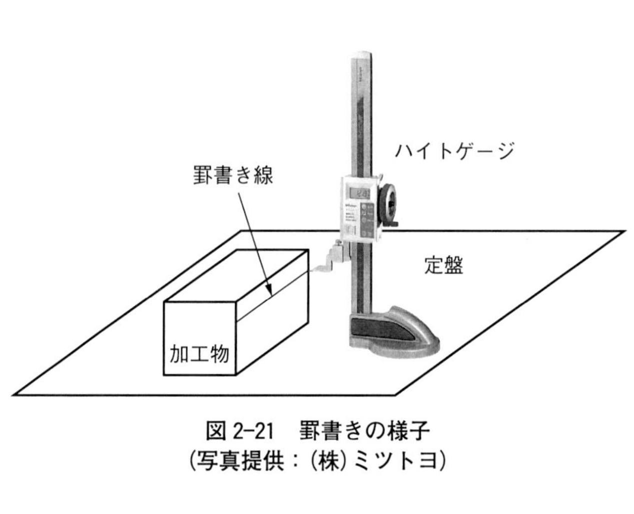

図 2-21　罫書きの様子
（写真提供：（株）ミツトヨ）

ハイトゲージは測定以外にも使えるんだね

2.2.3　公差域（規格の幅）の違い

サイズ公差の公差域

サイズ公差には、長さ・角度・面取りの各寸法に公差が存在している。

図 2-22 はサイズ公差を示したものである。図 2-22(a)の長さの規格は 30±0.3 なので、上の許容サイズ 30.3 と下の許容サイズ 29.7 の間の 0.6 がサイズ公差となる。図 2-22(b)は規格が 60°±2° なので、上の許容角度 62° と下の許容角度 58° の間の 4° が角度サイズ公差となる（面取りは種類が少ないので省略）。

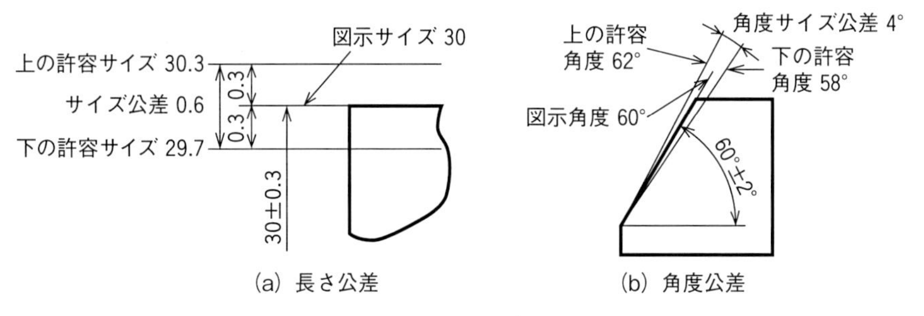

図 2-22　サイズ公差

穴位置の公差域

では、穴位置の公差域はどうなっているだろうか？

図 2-23 に、穴の中心位置の公差域を従来の寸法公差で規制した場合を示した（本来は位置を規定する公差なので、幾何公差で指示すべきもの）。

この図は ϕ8±0.05 の穴の中心が、上の端面から 10±0.1、左の端面から 10±0.1 で描かれる公差域（0.2×0.2）の中に入ることが規格であることを示している。

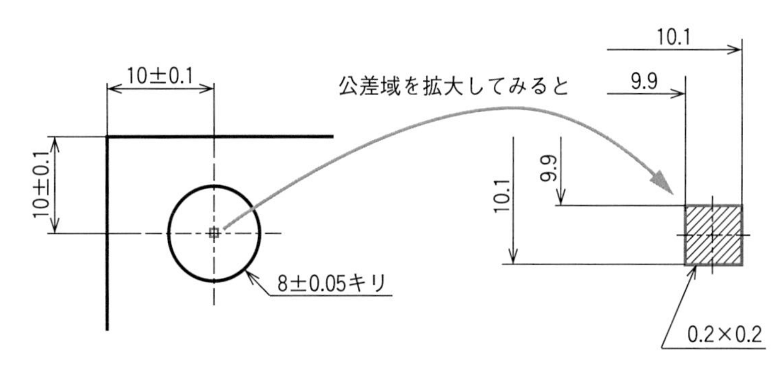

図 2-23　従来の寸法公差で規制したときの公差域

幾何公差の公差域

では幾何公差の公差域はどうなるだろうか？（公差域の詳細は第3章参照）

図2-24は幾何公差で指示された図面である。**図2-25**は幾何公差（平行度公差）の公差域を表している。下の基準面Aから平行度を指示した上面までの高さを測定したときの最大・最小値の差が0.05の範囲に入っていること、すなわち平行の程度が0.05であることを示している（基準面からの高さの数値は関係ない）。

サイズ公差が「±」の両側公差表記であるのに対し、幾何公差は公差域を公差値として直接表記でき、「＋」の公差域だけが存在している点で異なる。

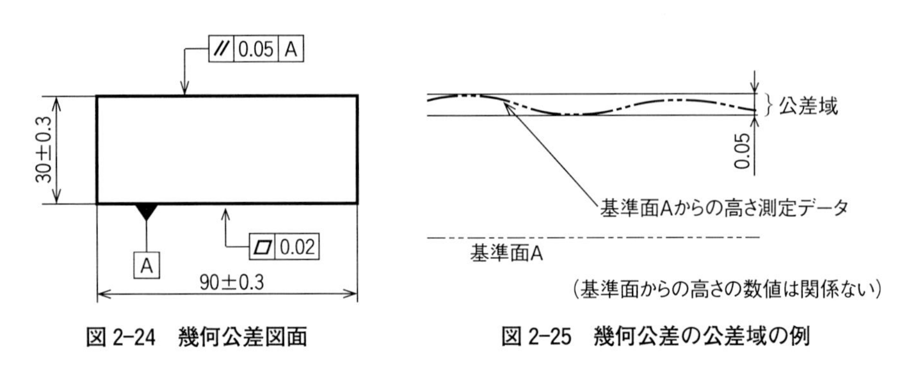

図2-24　幾何公差図面　　**図2-25　幾何公差の公差域の例**

穴位置の公差域（幾何公差）

次に、幾何公差における穴位置の公差域を説明する。

図2-26は、位置度（第3章3.7.1項参照）で穴の位置を規制する方法である。基準面Aに直角にあいている$\phi10$の穴の軸線は、基準面Bから正確に20、基準面Cから正確に15離れた位置を中心とした$\phi0.08\times$高さ（穴深さ）の円筒公差域で規制される。「正確に」なので、寸法20と15に公差はない。

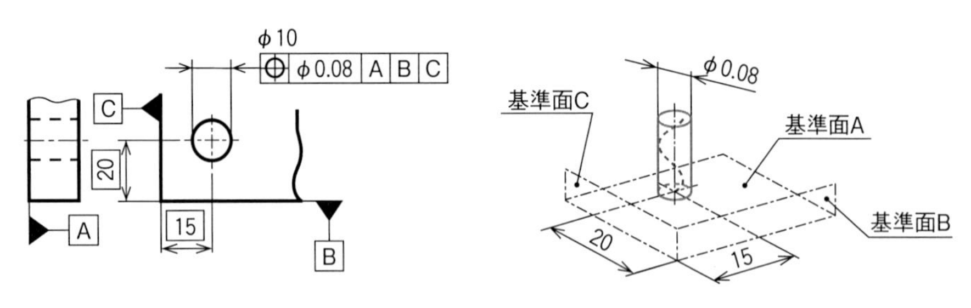

図2-26　幾何公差で規制したときの公差域

このように、幾何公差では立体の公差域が形成され、穴の位置のばらつきだけではなく、中心軸の傾きやうねりまで規制することができる。

2.2.4 データムの有無

データムとは、設計・製造・測定における基準となる形状（形体）のことである。サイズ公差にはデータムの概念はないが、幾何公差においては、データムは絶大な存在感を持つ。データムの設定方法によって品質やコストが多大な影響を受けるためだ。

3D-CADで設計するときに最初に基準平面、あるいは直交座標軸の設定を行うが、こちらはデータムとは異なるので注意してほしい。

データムの詳細は第3章で紹介する。

2.2.5 国際的工業規格との関係

国際的な規格の制定・整備は、ISO（国際標準化機構）が行っている。日本国内の規格であるJIS（日本産業規格）も、ISOに準じて整備されている。

国別の規格では、ASME（アメリカ）、ANSI（アメリカ）、BS（イギリス）、NF（フランス）、DIN（ドイツ）、CSA（カナダ）、GB（中国）などがあるが、アメリカ以外の国内規格は、JIS同様、ISOにほぼ準じた形で整備されている。

表2-1はアメリカとそれ以外の国の国際規格を一覧にしたものである。

アメリカとそれ以外の国の国際規格では、サイズ公差と幾何公差の関係の原理・原則が違う。それに対して、幾何公差の表示方式は基本的に共通であり、『幾

表2-1　国際規格ISOとASMEの関係

対象	アメリカ(USA)以外	アメリカ(USA)
規格体系	ISO International Organization for Standardization（1982年に幾何公差関連規格として整備） TC213 Technical Committee 213（*GPS規格を審議）	ASME(ANSI) The American Society of Mechanical Engineers ASME：Y14.41 略称 GD&T（幾何的寸法許容差設定および表示法）Geometric Dimensioning and Tolerancing
主たる違い（原理・原則）	サイズ公差と幾何公差の間には「独立の原則」が適用される。 サイズ公差にⒺを付けると「包絡の条件」が適用されASMEの「テーラーの原理」と同じになる。	サイズ公差と幾何公差の間には「テーラーの原則」（ISOでの包絡の条件）が適用される。
	幾何公差の表示方式は基本的に共通である	

何公差で描かれた図面は世界中どこでも通用する』ということである。

2.2.6　独立の原則とテーラーの原理

ここでは、サイズ公差と幾何公差との関係においてISOとASMEの考え方に大きな違いのある、「独立の原則」と「テーラーの原理（包絡の条件）」について説明する。

2.2.6（1）　独立の原則

まずISOでは「独立の原則」が適用されるとあるが、これがどういうものであるか簡潔に紹介しよう。

図2-27（a）にϕ10±0.05の軸を図示した。直径を指示するサイズ公差と、軸の曲がりを規制する幾何公差である真直度（3.5.1項参照）が指示されている。このとき、サイズ公差と幾何公差は互いに独立しており、互いの測定結果に影響しない。結果として**図2-27（b）**に示すように上の許容サイズであるϕ10.05を超えることがあり得る。

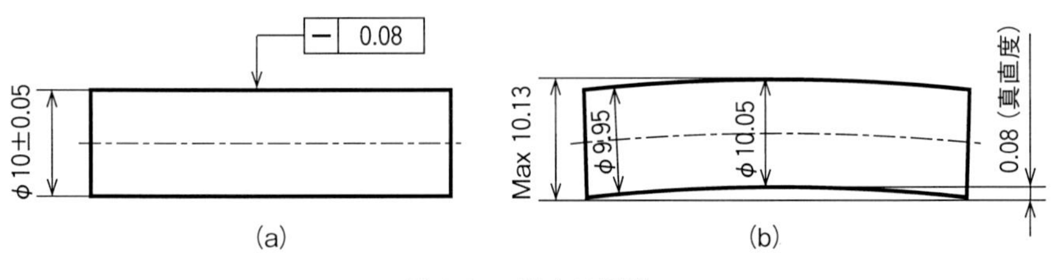

図2-27　独立の原則

2.2.6（2）　テーラーの原理

一方ASMEでは、サイズ公差と幾何公差の間には「テーラーの原理」が適用される。図2-27（a）のϕ10±0.05の軸の図がASME規格で描かれているとする。直径はどこを測定しても、ϕ9.95からϕ10.05の間に入っていなければならない点は独立の原則と同様である。しかしテーラーの原理では、この軸に曲がりや変形があったとしても、上の許容サイズϕ10.05の完全形状の包絡面を超えてはならないというもので、軸の実体状態により幾何公差（真直度）の値が変化することになる。**図2-28（a）**は軸が最大実体状態（ϕ10.5）の場合であるが、許される真直度は0（ゼロ）である。**図2-28（b）**は最大実体状態でない場合で、最大の真直度公差値は、図面指示の0.08となる。

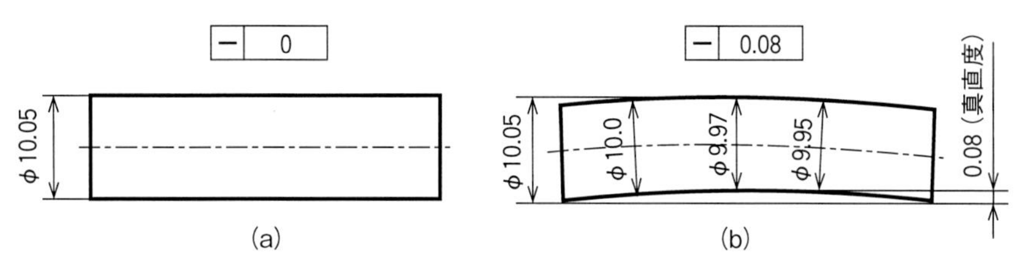

図 2-28　テーラーの原理

2.2.6 (3)　包絡の条件

包絡の条件は、前項のテーラーの原理と同じで、上の許容サイズ φ10.05の完全形状の包絡面を超えてはならないというものである。包絡の条件を適用させるには、**図 2-29 (a)** に示すようにサイズ公差が指示された寸法の後ろに、記号Ⓔを付ける。このⒺは "Envelope requirement" の頭文字を表している。Envelope とは封筒の意味で、包み込む意を表している。

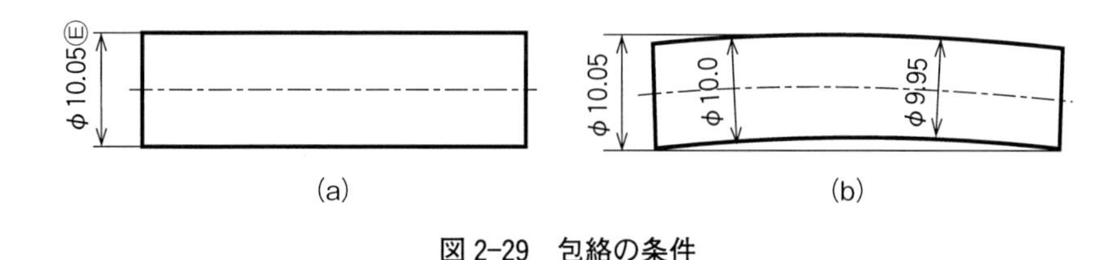

図 2-29　包絡の条件

Check!　最大実体状態とは？

最大実体状態（MMC：maximum material condition）とは、形体のどこにおいても、その形体の実体が最大（材料が最も多い）となるような許容限界サイズを持つ形体の状態のことである。

例えば、φ10±0.05 の軸または穴の場合

軸の最大実体状態：上の許容サイズの φ10.05（最大実体寸法と呼ぶ）
（軸径が最大のときに材料が最大となる）

穴の最大実体状態：下の許容サイズの φ9.95（最大実体寸法と呼ぶ）
（穴径が最小のときに穴が存在する形体の材料が最大となる）

この逆は最小実体状態（LMC：least material condition）である。

Check! 独立の原則と包絡の条件：使用上の違いは？

機械部品でよくある軸と穴のはめあいを**図 2-30** の図例で考えてみよう。

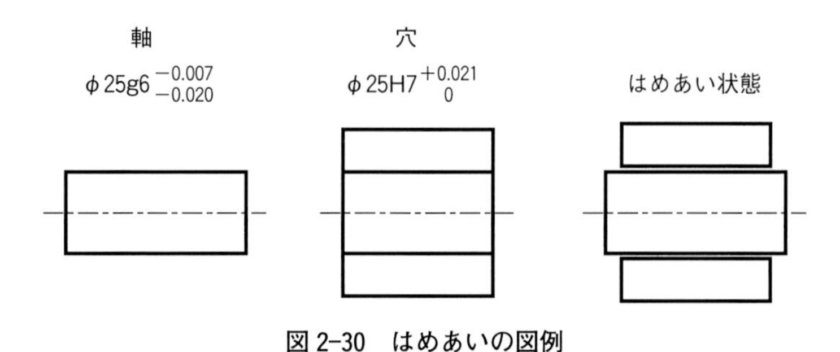

図 2-30　はめあいの図例

「テーラーの原理」および「包絡の条件」では最大の軸径が φ24.993 で最小の穴径が φ25.000 でも、軸の場合は上の許容サイズ、穴の場合は下の許容サイズの完全形状の包絡面からはみ出してはいけないことから、はめあいは可能となる。「包絡の条件」では、曲がりがあってもサイズ公差を確保できるのが強みである。

次に「独立の原則」で考えてみよう。

図 2-31 は ISO の「独立の原則」で軸や穴の曲がりを許容した場合である。

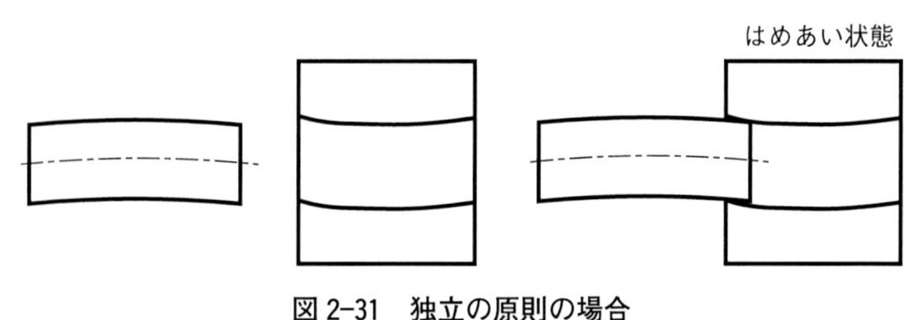

図 2-31　独立の原則の場合

「独立の原則」ではサイズ公差の軸径、穴径は 2 点測定で公差に入っているか判定しているが、真直度で曲がりを規制しても、軸で言えば 25.0 を上回ったり、穴の場合は 25.0 を下回ることは十分にあり得る。そのため、入口しかはめあいができず、はめあいは不成立となることがある。

はめあいの場合は「包絡の条件Ⓔ」を使うことをお勧めする。このように「独立の原則」、「包絡の条件」は使用場所によってどちらが良いかを考え、設計することが重要である。

2.3 3D データと幾何公差の関係

2.3.1 非接触式 3 次元測定機の普及

ここで 3D データと幾何公差の関係についても述べておきたい。

近年、3 次元測定機の世界では大きな変化が起きている。非接触式の 3 次元測定機の性能が上がっており、運用性向上が著しい。これによって、図面情報の統合運用の具体的な道筋が確立されつつある。

図面情報の統合運用といったが、端的にいえば「入力作業の二度手間」をなくす、と捉えていただければわかりやすいのではないだろうか。

設計者の例を挙げる。現在、製図を行うツールは 3 次元 CAD が主流であるが、出力される図面は 2 次元図面が圧倒的に多い。そんな中、製図に際して設計者は何をしているかというと、**図 2-32** に示すように、3D モデルの投影図を 2 次元に描き出し、サイズ寸法と公差、材料情報など様々な情報を記載している。

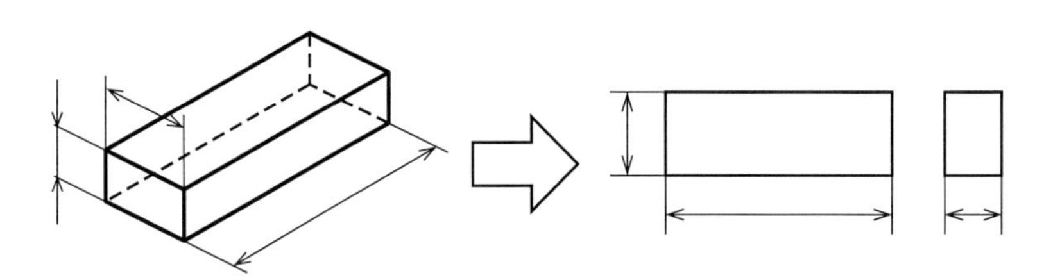

図 2-32 モデリングをしてから製図

当たり前のように思うかもしれない（筆者もそう思っていた）が、この時点ですでに二度手間をやってしまっている。

なぜならサイズ寸法の情報は 3D モデルができた時点ですでにデータとして入力済みなのだ。設計検討時に強度解析などをやっているなら材料情報もモデルデータに入力済みのはずだ。

検査の領域でも二度手間が存在している。現状のほとんどの測定機の評価システムは、測定値と比較するための設計値（寸法・公差）をあらかじめ入力しなければならない。だがこの作業は設計者が 3D モデル、あるいは図面に対してすでにやっている作業である。

非接触式3次元測定機は、実測の結果を3Dモデルとして出力することができる。さらに、評価ソフトウェア上でCADモデルと重ね合わせて、実物との差(偏差)を自動的に算出することが可能になった。これにより、サイズ寸法情報の入力をせずとも偏差の評価ができるようになった(**図2-33**)。

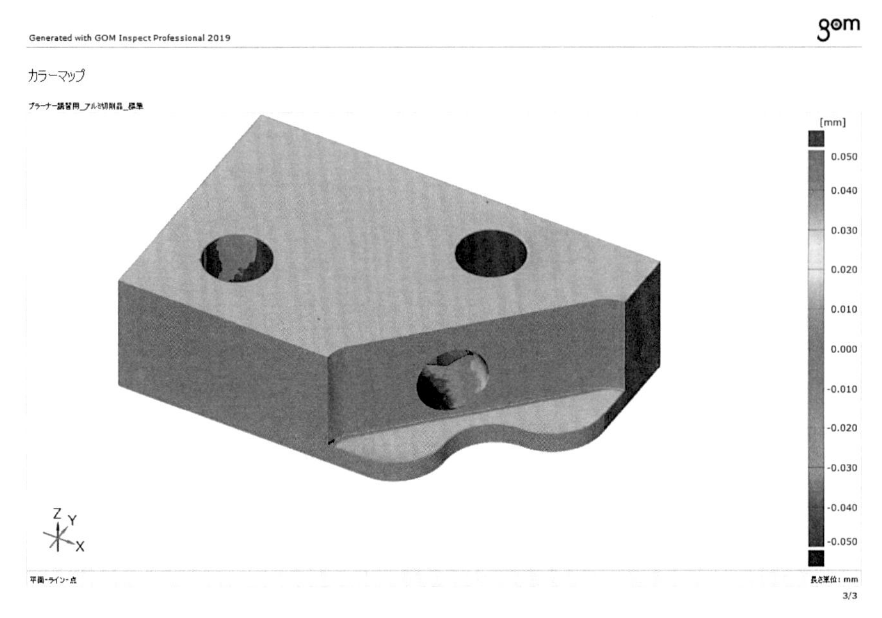

図2-33　モデルとの差を表示
(使用ソフト:GOM Inspect)

公差情報入力の二度手間も、3DAモデルの普及によって解消されようとしている。3DAモデルは「公差や図面指示などの図面情報を持った3Dモデル」であり、3DAモデルの情報を読み込むことができる評価ソフトウェアであれば、公差情報入力の二度手間をもなくすことができる。最新のISOやASMEの改定ではすでに3DAモデルに関する規格が存在している。日本でもJIS B 0060として規格化が始まっている。

CADモデルと測定後の実測モデルの照合評価によって、二度手間による工数の重みが解消される道筋がついた。この場合の照合評価とは、実物の形と理想の形を比べるものである。この**理想の形を規定する具体的な手段こそが幾何公差**であり、業務効率化の観点からも、幾何公差の重要性は高まっている。

非接触式3次元測定機の実際の測定に関しては、第5章 5.2節で詳しく説明しているので、参照してほしい。

2.3.2 幾何公差を測れる測定機

ここで、幾何公差の測定に使われる測定機を紹介していこう。

幾何公差は2次元、3次元の公差域に対応するため、CMM（3次元測定機）が現在は主流となっており、ダイヤルゲージやハイトゲージ等の小型汎用機は補助的に使われている。

名称	外観	ポイント
ダイヤルゲージ	写真提供：(株)ミツトヨ	写真のダイヤルゲージはアナログだが、最近はデジタル式が多くなってきた。写真のダイヤルゲージは最小目盛りが0.001である。 振れ公差や、姿勢公差は振れを見る（外枠のチップ利用）ため、アナログのほうが見やすい。
ピックテスター	写真提供：(株)ミツトヨ	写真のダイヤルゲージはピックテスターとも呼ばれ、最小目盛りも0.001までのものがある。 装置設置の微調整や、振れを見るのに適している。
マイクロメータ	写真提供：(株)ミツトヨ	サイズ公差にもよく使われている測定機でデジタル表示に代わってきている。簡易的だが真円度、円筒度にも使われている。

<table>
<tr><td>ハイト
ゲージ</td><td> 写真提供：(株)ミツトヨ</td><td>ハイトゲージも色々な幾何公差に、簡易的だが使用できる。
測定する端子の先端が鋭利にできていて、加工するワークに位置を決めるケガキに使うトースカンの機能も持っている。</td></tr>
<tr><td>投影機</td><td> 写真提供：(株)ミツトヨ</td><td>中央のガラステーブル上にワークを置き、下からの透過光を対物レンズを通して、上のスクリーンに像を結ぶ。その像と設計図とを照合する測定機。反射光を使うことで、上からの像をスクリーンに結ぶこともできる。
ここに座標演算処理装置を付加して使う。</td></tr>
<tr><td>測定
顕微鏡</td><td> 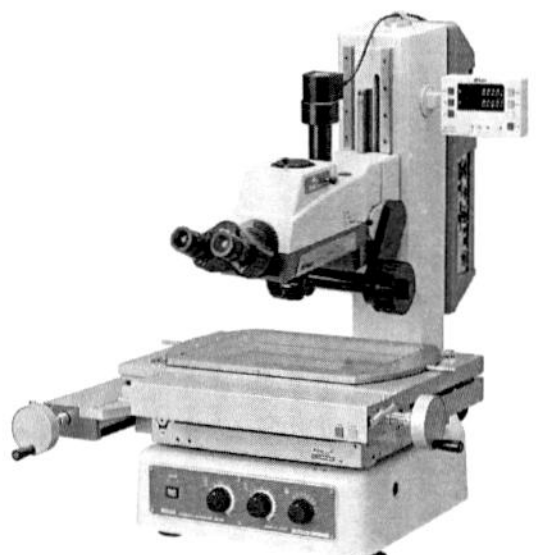写真提供：(株)ニコンソリューションズ</td><td>中央のガラステーブル上にワークを置き、下からの透過光、上からの反射光を使い、実際の形体を接眼レンズから見ながら測定する。テーブルおよび顕微鏡部分の移動量が正確にカウントできる以外は実体顕微鏡である。
ここに座標演算処理装置を付加して使う。</td></tr>
<tr><td>オート
コリメータ</td><td> 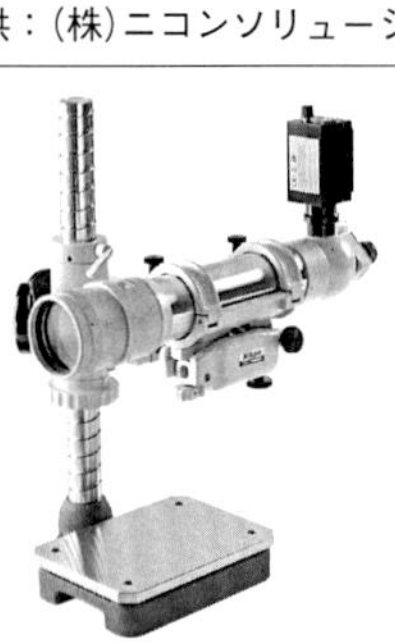写真提供：(株)ニコンソリューションズ</td><td>非接触の光学式汎用測定機である。オートコリメータから平行光を発生し、ワークに置いたミラーに反射させ、その反射光をみてわずかな傾きを検出でき、大物部品の真直度や平面度の測定もできる。</td></tr>
</table>

CMM	 写真提供：(株)ミツトヨ	全幾何公差の測定に対応できる測定機で、現在幾何公差測定において主流となっている。3平面データム系は、CMMでの測定を前提としていると言っても過言ではない。 写真の接触式に対し、非接触式もある。プローブの端子はルビーである。
2.5次元 測定機	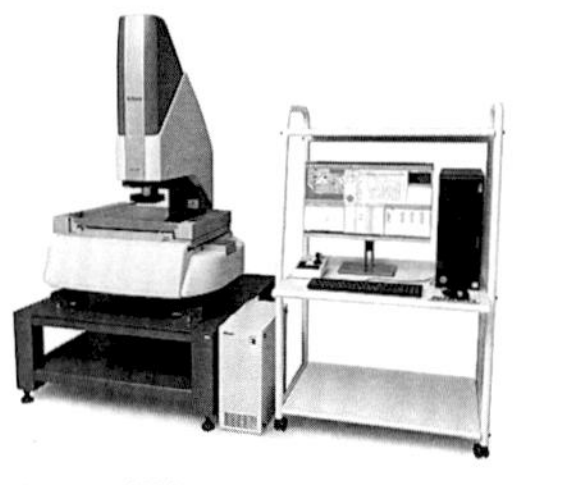 写真提供：(株)ニコンソリューションズ	3次元のCMMに対し、深さ方向の測定が光学系で見える方向のみに限られるので2.5次元と呼ばれている。形体の境（輪郭）をコントラスト等で自動検出する機能を持つ。レンズをより大きく拡大することができるので、平面方向の分解能と精度はCMMに対して高くなる。高速測定も特徴。
真円度 測定機	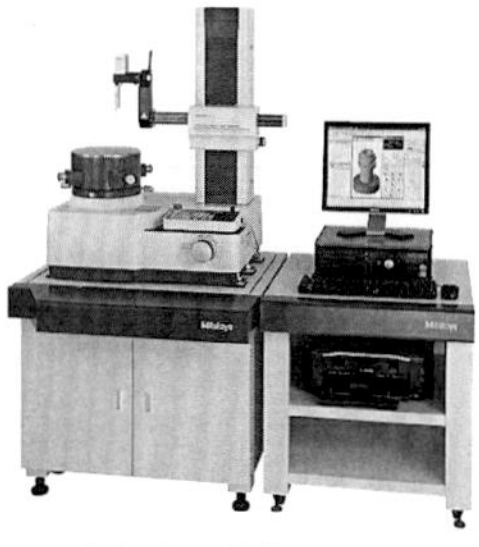 写真提供：(株)ミツトヨ	軸部品の専用機である。名前の通り真円度、円筒度、同心・同軸度の測定に使われ、振れ公差にも対応している。先端の測定端子はスタイラスと呼ぶダイヤモンドの測定用針を使う。 写真の測定機は外径300 mm位までのワークに使えるが、大きなワークの場合は測定端子のほうが回転するタイプもある。
形状測定機	 写真提供：(株)ミツトヨ	輪郭度の測定にはよく使われる専用機で、表面性状を評価できるタイプが多い。表面性状を評価できるため、測定端子スタイラスは先端が鋭利にできている。 輪郭度でもデータムに関連しない単独形体を線の輪郭度のみ評価することができる。

3次元 カメラ式 測定機	 写真提供：東京貿易テクノシステム(株)	「プロジェクタによる縞投影」⇒「撮影」⇒「画像合成による点群データの3D化」という一連の作業を行い、CADデータとフィッティングし、その幾何偏差をカラーチャートで表示させる。 このタイプでは精度が20 μmくらいまで向上している。
計測用 X線CT	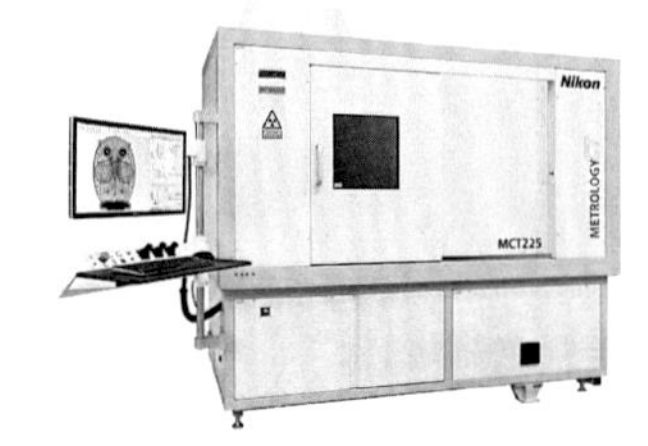 写真提供：(株)ニコンソリューションズ	X線を使うため、薄い鉄材を含め非鉄材料部品・組立品を透過して評価できる。特に穴内面の収縮状態などが課題となるプラスチック部品やアルミダイキャスト部品には効果が大きい。光学式に対して被検物の表面状態に依存しないのも特徴。
3Dスキャナ型 3次元測定機	 写真提供：(株)キーエンス	非接触式3次元測定機で、自由曲面を360°自動スキャンできるのが特徴。 ワークの固定が不要で、非接触なので柔らかい樹脂やゴムなどの測定も可能。3DCADモデルと比較して解析ができる。

第３章　幾何公差の基礎知識

ここまで幾何公差の重要性を述べてきたが、いよいよここからは幾何公差の規定・表記等の詳細について解説していく。

この章の内容を踏まえた上で、第４章の幾何公差の実例をご覧いただきたい。

3.1 幾何公差の用語

幾何公差を扱うにあたって覚えておいてほしい用語を紹介する（**図 3-1**）。

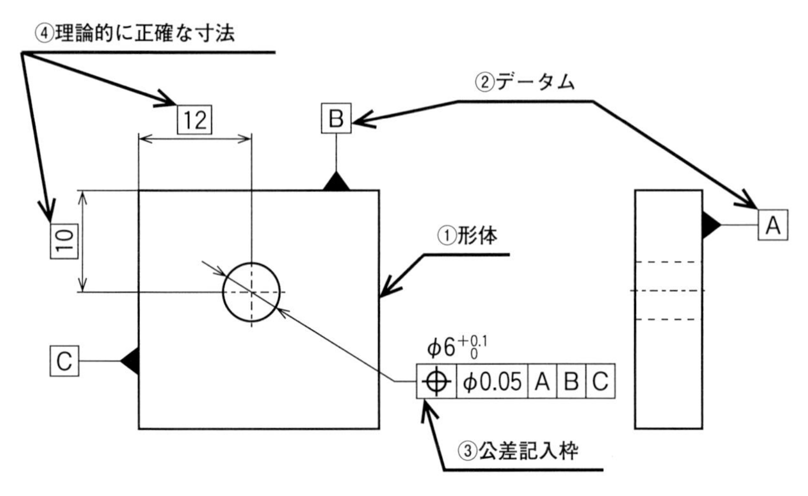

図 3-1　幾何公差の用語

幾何公差の表記は、基準としたい「形体」に対して「データム」を設定し、設計上重要な「形体」に求める許容値を「公差記入枠」、理想状態を「理論的に正確な寸法」によって定めるのが一連の流れである。順を追って見ていこう。

①　形体（Feature）

図面を構成する外形線・穴・軸などの図形のこと。形体はさらに 2 種類に分けられる。

- 外殻形体：表面、または表面上の線。図示されている形状そのもの
- 誘導形体：穴の軸や溝の中心平面、円の中心点など、外殻形体から導き出される形体

幾何公差やデータムをどちらの形体に指示したかで意味が大きく変わることがあるので、指示する際は注意すること（指示方法は 3.4.2 項、3.4.3 項参照）。

②　データム（Datum）

幾何公差を指示するとき、その公差域を規制するための理論的に正確な基準の

こと。アルファベットの大文字で記載する。

この基準は、設計においては部品を組付（固定）する面・軸に指定することで、組立後の精度を公差設計と同期させるものとなる。検査工程においては無論のこと測定の基準であり、加工においては加工基準になりえるため、設計意図を図面に示す上で欠かせない要素である。

③　公差記入枠（Toleranced frame）

幾何公差の内容を指示する記入枠。左から幾何公差記号・公差値・データムの順に記載する（**図 3-2** では位置度を指示している）。

データムは優先順位の高い順に左から記載する。データムは0〜3つまで記載することができる。

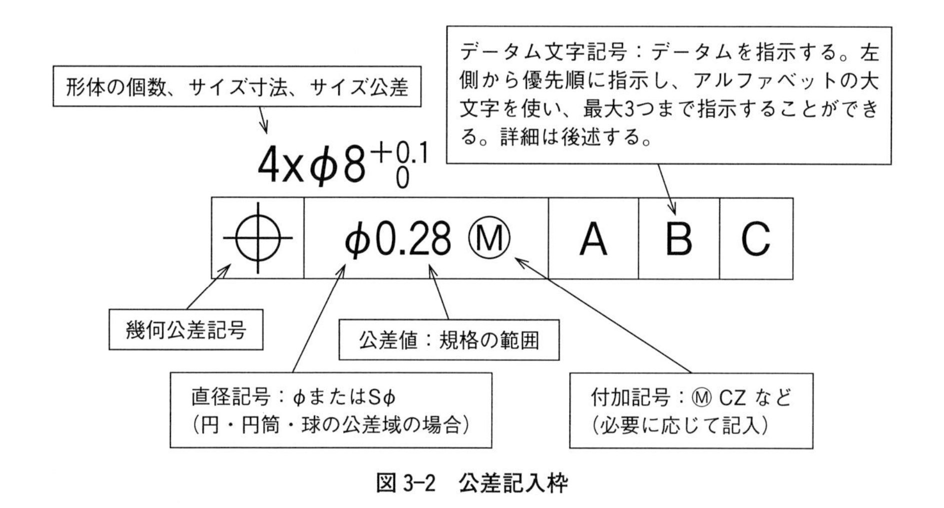

図 3-2　公差記入枠

④　理論的に正確な寸法（Theoretically exact dimension：TED）

理想状態からの偏差を規制する幾何公差において、形体の真の位置、長さ、角度を表わす寸法。図面に指示するときは寸法を□（四角）で囲うこと。位置公差と姿勢公差の一部を規制するときに使用する。

3.2 幾何公差の種類

表 3-1 に幾何公差の種類を紹介する。

幾何公差は、指示するのにデータムを必要としない「形状公差」と、指示にデータムを必要とする「姿勢公差」「位置公差」「振れ公差」に大別される。

※**補足** 形状公差が指示される形体を「単独形体」（データムに関連しない）、姿勢・位置・振れ公差が指示される形体を「関連形体」（データムに関連する）と言う。

表 3-1　幾何公差の種類　（JIS B 0021 を元に作成）

適用形体	公差の種類	幾何特性	記号
単独形体（Single feature）	形状公差（Form tolerance）	真直度（Straightness）	⏤
		平面度（Flatness）	⏥
		真円度（Roundness）	○
		円筒度（Cylindricity）	⌭
		線の輪郭度（Profile of a line）	⌒
		面の輪郭度（Profile of a surface）	⌓
関連形体（要データム形体）（Related feature）	姿勢公差（Orientation tolerance）	直角度（Perpendicularity）	⊥
		平行度（Parallelism）	//
		傾斜度（Angularity）	∠
	位置公差（Location tolerance）	位置度（Position）	⌖
		同心度（Concentricity） 同軸度（Coaxiality）	◎
		対称度（Symmetry）	⌯
		線の輪郭度（Profile of a line）	⌒
		面の輪郭度（Profile of a surface）	⌓
	振れ公差（Runout tolerance）	円周振れ（Circular runout）	↗
		全振れ（Total runout）	⌰

3.3 データムの定義

3.3.1 データムとデータム形体

幾何公差を扱う上で最も重要な要素がデータムである。このデータムについて、より詳しく解説する（図 3-3）。

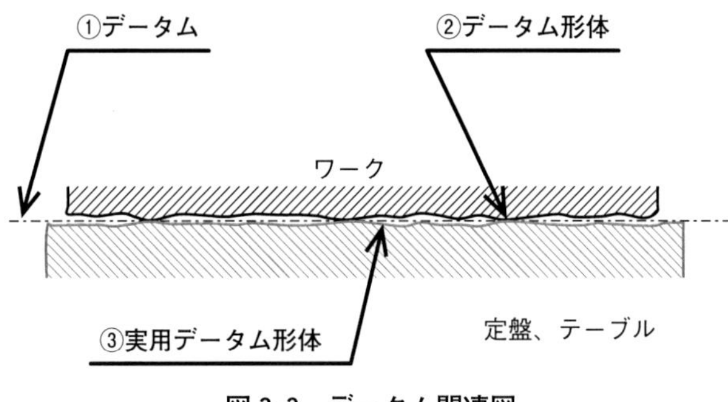

図 3-3 データム関連図

① データム（Datum）

データムは、関連形体に幾何公差を指示するときに、その公差域を規制するために設定した理論的に正しい幾何学的基準である（JIS B 0022）

データムとは基準であり、あくまでも正確な点（データム点）、直線（データム直線）、軸（データム軸直線）、平面（データム平面）、中心平面（データム中心平面）である。

理論的に正確な基準なので、データム軸直線ならばどこまでもまっすぐであり、データム平面ならばどこまでもまっ平らな平面でなければならない。

② データム形体（Datum　Feature）

データムを設定するために用いる対象物の実際の形体（部品の表面、穴など）をデータム形体という（JIS B 0022）

データム形体は加工物の形体なので、加工誤差、変形、反り、抜きテーパなどがある。そのためデータム形体には、形状公差、あるいは姿勢公差を指示し、形体を正確に規定することが望ましい。

実際の形体に対して直接データムを設定したいところではあるが、データム形体には加工誤差や変形などがあるので、データム形体はデータムにはなり得ない。よく勘違いすることがあるので注意が必要である。

③　実用データム形体（Simulated datum feature）

実用データム形体は、データム形体に接してデータムの設定を行う場合に用いる、十分に精密な形状を持つ実際の表面（定盤・軸受・マンドレルなど）である（JIS B 0022）

実用データムとして使用されている「実際の表面」の具体例としては、精密定盤や工作機械のテーブル、マンドレル（測定したい穴の径と長さに合わせて作られるピンゲージ状の棒）、治具などが該当する。これらは一般に幾何学的基準として十分に精度が高く、データムを模倣するものであるが、データム形体と同じく、実用データム形体もデータムにはなりえない。

データム形体、および実用データム形体はそのままではデータムとして扱うことはできない。現実には、データム形体、あるいは実用データム形体から理論的に正しい基準であるデータムを導きだして測定作業を行う。

3.3.2　データムの設定方法

ここでは、図面に指示されたデータムを、データム形体からどのように設定するのかについて述べる。

3.3.2(1)　データム軸直線の設定

①　円筒のデータム軸直線

円筒の中心軸をデータムとする場合は、**図 3-4(a)**のように、円筒部品の直径を示す寸法線に突き当てるようにデータム三角記号（▲）を付けてデータムを記載する。**図 3-4(b)**に示すように、少し凹凸のある円筒がデータム形体で、その外側から円筒状に締めていって、データム形体に最低 4 点で接するときの円筒が実用データム形体である最小外接円筒となり、その軸直線がこの円筒のデータム軸直線となる。

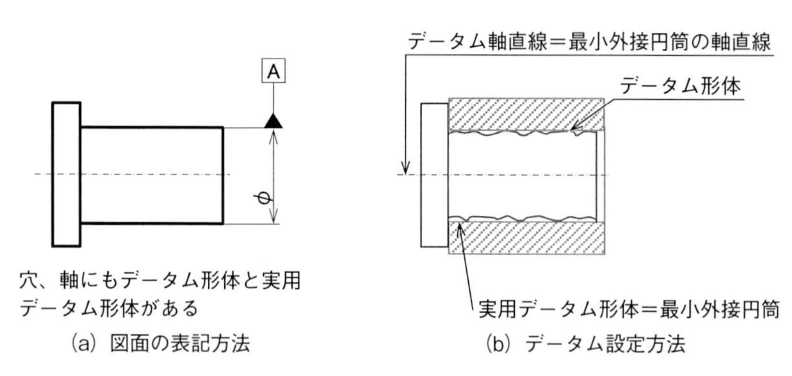

(a) 図面の表記方法　　(b) データム設定方法

図 3-4　データム軸直線（円筒の中心）

②　穴のデータム軸直線

円筒（穴）の中心軸をデータムとする場合は、**図 3-5(a)**のように、穴付き円筒部品の穴の直径を示す寸法線に突き当てるようにデータム三角記号（▲）を付けてデータムを記載する。**図 3-5(b)**に示すように、少し凹凸した穴がデータム形体で、その内側から円筒状に広げていって、データム形体に最低 4 点で接するときの円筒が実用データム形体である最大内接円筒となり、その軸直線がこの穴のデータム軸直線となる。

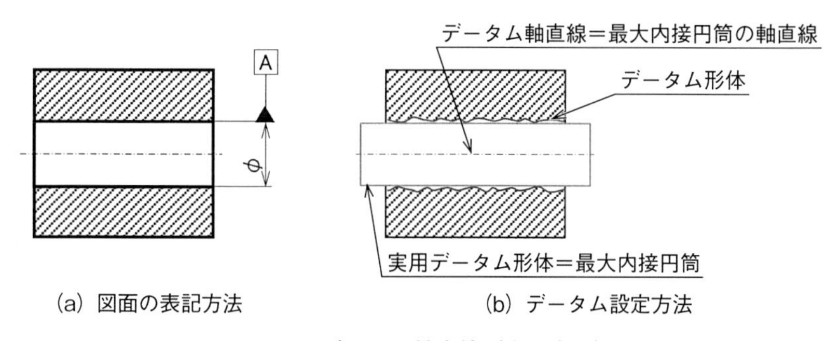

(a) 図面の表記方法　　(b) データム設定方法

図 3-5　データム軸直線（穴の中心）

3.3.2 (2)　データム平面の設定

平面をデータムとする場合は、データム平面とする面に直接、または**図 3-6(a)**のように寸法補助線を出して、そこに突き当てるようにデータム三角記号（▲）

を付けてデータムを記載する。**図3–6(b)**に示すように、下向きの少し凸凹した面がデータム形体で、このデータム形体を、実用データム形体との最大間隔が限りなく小さくなるように置いてデータム平面を設定する。

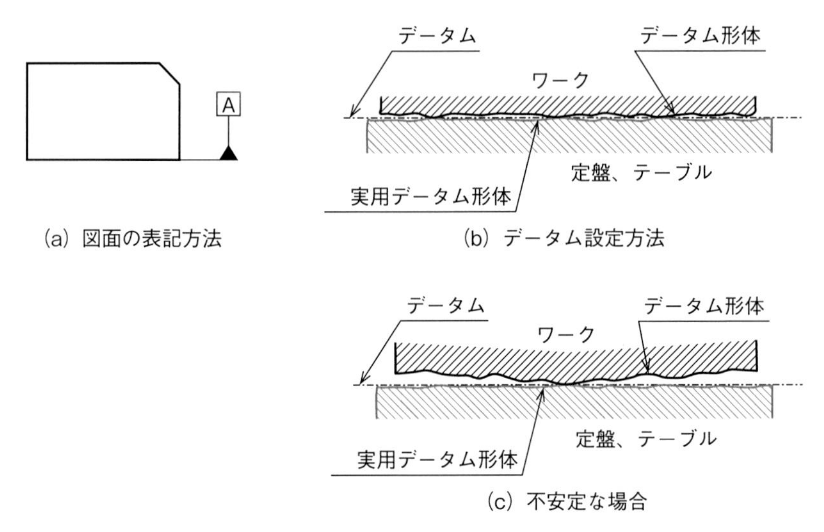

図3–6　データム平面

データム形体が実用データム形体に対して安定している場合は、そのままの状態で設定することができるが、**図3–6(c)**に示すように不安定な場合は、後述のデータムターゲットを用いてデータムを設定する。

3.3.3　3平面データム系

データムの中でよく使われるのがデータム平面、つまりは基準面である。そして、部品に含まれる穴や軸、部品の形を決める輪郭の位置を規制するためには、3つのデータム平面が必要になる。この3つのデータムを組み合わせて使用するデータム系を「3平面データム系」という。

さらに、3平面で構成される直交座標系（X, Y, Z）のことを「3平面データム系」という（**図3–7**）。

3平面データム系は、第1次データム平面、第2次データム平面、第3次データム平面から成り、優先度の高い順に公差記入枠に左から記載する。

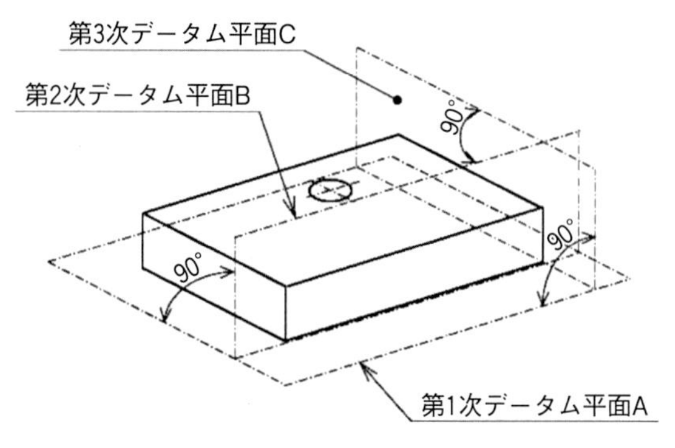

図 3-7　3 平面データム系

部品はほとんどの場合、組み付けられるかどこかに設置、言い換えれば固定される。3 平面データム系を構築することは、言い換えると「その部品がどのように固定されるのかを決める作業」でもあると言ってもよい。このことからも、3 平面データム系の構築は欠かせない要素であることがわかる。

3.3.4　3 平面データム系の種類

3.3.4 (1)　3 つの平面で構築する場合

図 3-8 は、3 つの平面をデータムとして 3 平面データム系を構築する場合の図である。図面は底面をデータム平面 A と設定し、第 1 次データム平面としている。また、手前の面を第 2 次データム平面 B、右側面を第 3 次データム平面 C とすることで、XYZ すべての方向の基準を定め、3 平面データム系を構築している。

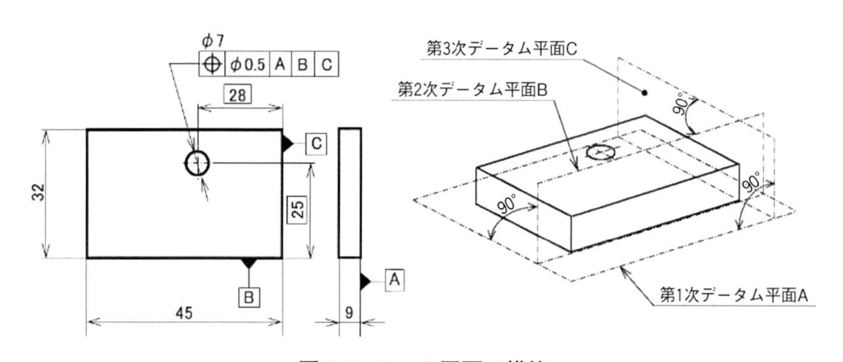

図 3-8　3 つの平面で構築

3.3.4 (2)　1つの平面と2つの軸直線で構築する場合

図3-9は、1つの平面と2つの軸直線をデータムとして3平面データム系を構築する場合の図である。図面は底面を第1次データム平面Aとし、データム平面Aと直交する左側の穴の軸直線を含む平面を第2次データム平面Bとしている。まだこの時点ではデータム平面Bは回転方向の自由度が残っている。さらにデータム平面Aとデータム平面Bに直交する右の穴の軸直線を含む平面を第3次データム平面Cとすることで3平面データム系が構築できる。

2つの位置決め穴によって組付位置を決める部品などはこのデータム系が有効である。

3.3.4 (3)　1つの平面、1つの軸直線、1つの中心平面によって構築する場合

図3-10および**図3-11**は、1つの平面と1つの軸直線、1つの中心平面をデータ

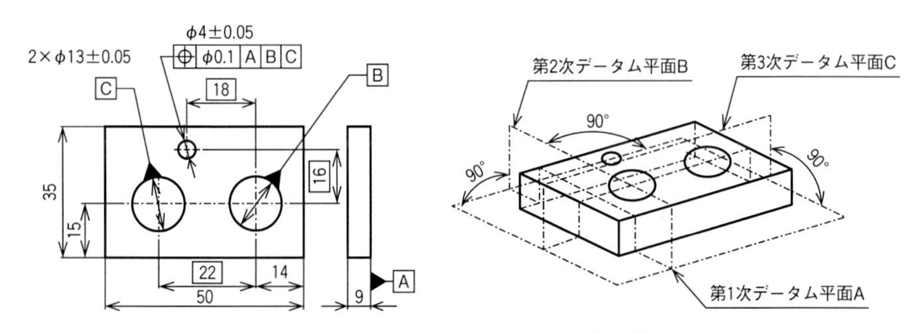

図3-9　1つの平面と2つの軸直線で構築

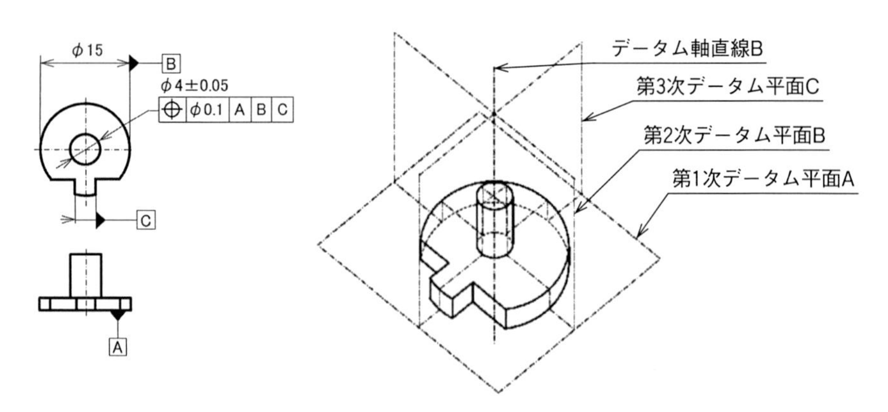

図3-10　1つの平面、1つの軸直線、1つの中心平面によって構築（その1）

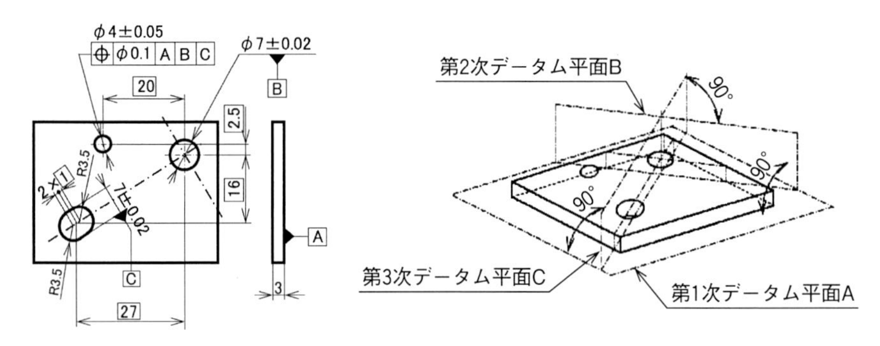

図 3-11　1 つの平面、1 つの軸直線、1 つの中心平面によって構築（その 2）

ムとして 3 平面データム系を構築する場合の図である。

図 3-10 は、底面に第 1 次データム平面 A、データム平面 A に直交し、かつ円筒外形の中心軸を含む平面を第 2 次データム平面 B とする。この時点ではデータム平面 B は回転方向の自由度が残っているが、突起部の中心平面を第 3 次データム平面 C とすることで、3 平面データム系が構築できる。

図 3-11 は、底面に第 1 次データム平面 A、データム平面 A に直交し、丸穴の軸直線を含む平面を第 2 次データム平面 B とする。この時点ではデータム平面 B は回転方向の自由度が残っているが、長穴の中心平面を第 3 次データム平面 C とすることで、3 平面データム系が構築できる。

この形状は、電動アクチュエータやエアチャックなど、多様なユニットの位置決め形状としてよく使われている。

Check! 丸穴と長穴の位置決めについて

3平面データム系において第1次データムに平面A、第2次データムに軸直線B、そして第3次に長穴（スロット）の中心平面Cを使うことがあるが、**図3-12(a)**の例のように第2次データム軸直線と第3次データム中心平面が同一平面上にあるのが良い設定とされる。

その理由は、長穴の目的を考えればおのずと明らかである。

【長穴の目的】

・相手部品の軸のピッチ間ばらつきを吸収させて組立不良を回避する

・相手部品との回転方向を規制する

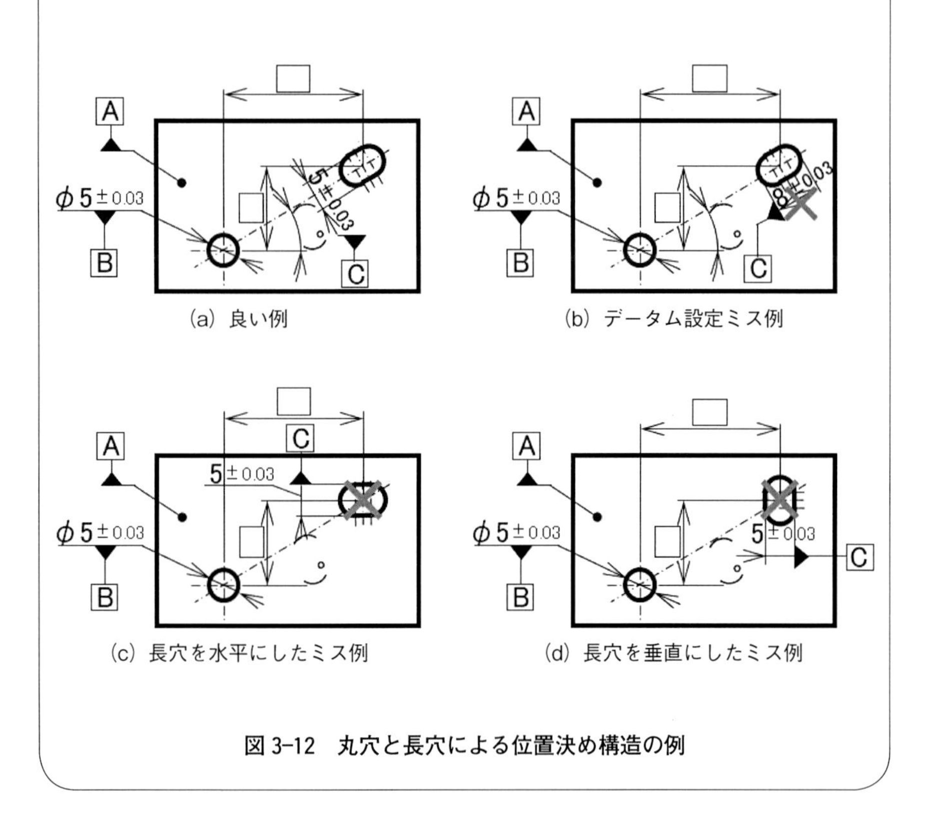

図3-12　丸穴と長穴による位置決め構造の例

3.3.4(4) グループデータム

図3-13は2つの穴を、優先度が同格のデータムとして扱っている。このことをJIS B 0022では、「形体グループをデータムとする指示」と記載しているが、ここでは略してグループデータムとした。

第1次データム平面として底面にデータム平面Aを設定する。このデータム平面Aに直交し、基準となる2つの穴（ϕ7）の軸直線が存在している。これらは同格であり、2つの穴の中心軸を結びデータム平面Aに直交したデータム平面Bと、2つの穴中心の中点（2つの穴の正確な中心）を通り、データム平面BおよびAに直交するデータム平面Cでグループデータムによる直交座標が作成され、データム平面Aと合わせ3平面データム系を構築できる（データム平面B・Cは3平面データム系の説明のために設定しているが、図面には表示されない）。

これにより、2つの穴を基準としてϕ4の穴の位置度を規制することができる。位置決め穴（または軸）に対して、位置や輪郭形状を規制したい場合に有効である。

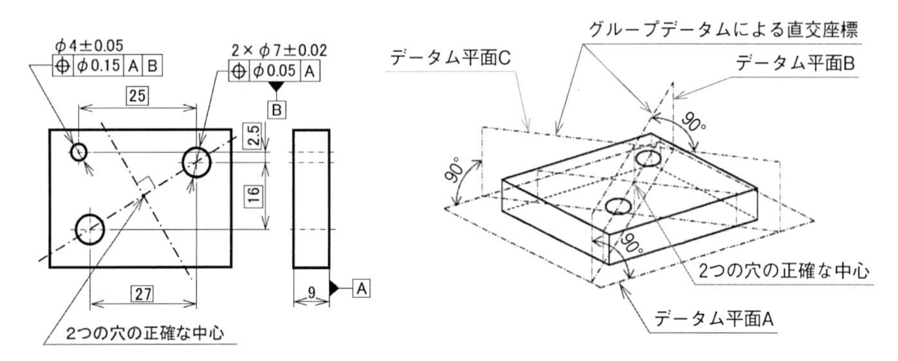

図3-13　グループデータム

Check! グループデータムはいくつまで対応できるか？

図 3-14 に複数（3 つ）の穴をグループデータムに設定した図例を示す。左の φ8 の 3 つの穴をグループデータムとしている。この場合は 3 平面データム系の回転中心は、3 つの穴を結ぶピッチ円の重心になっている。それでは、グループデータムのデータムはいくつまでできるかということになるが、効率を無視すれば数に制限はない。しかし、現実的には 3 ないし 4 が Max と言ってよい。いずれの場合もグループデータムの回転中心は重心になるのでわかりやすい。

それでは、3 平面データム系はどうなるのだろう。穴 2 つのグループデータムであれば、必然的に 2 つの穴の中心を結んだ線で 2 つの直交するデータム平面の方向が決まる（3.3.4⑷参照）。穴が 3 つ以上の場合は、実形状を基に方向を決定できる指示を明記すると良い。例えば、図 3-14 のようにグループデータムの中心と、グループデータムに指定した穴のうち、どれか 1 つの穴の中心を結んだ線で方向を決定する…など、方向決めに使う形体を特定できるように図面に注記を記載するといった方法がある。これにより、3 平面データム系が設定できる。

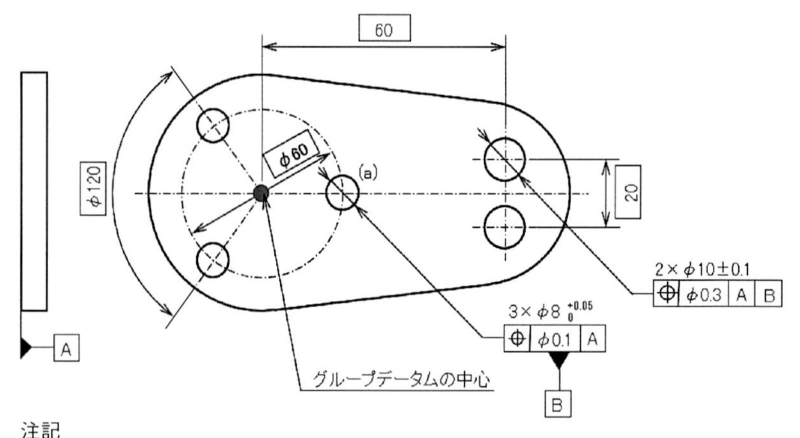

図 3-14　グループデータムの図例

3.3.5 データムターゲット

図 3-15(a) は板金部品の図である。通常、平面には素材の表面性状、加工誤差、うねり、反りなどが存在する。この部品の第1次データムを設定する場合、図面ではデータムの位置には特別な指示がないので、測定者は任意のデータム平面Aを設定するだろう。材質を板金としているが、板金では素材の特徴として表面うねりや反りが存在しており、安定した基準面ができない。このため測定者によって検査結果が異なる場合が考えられる。

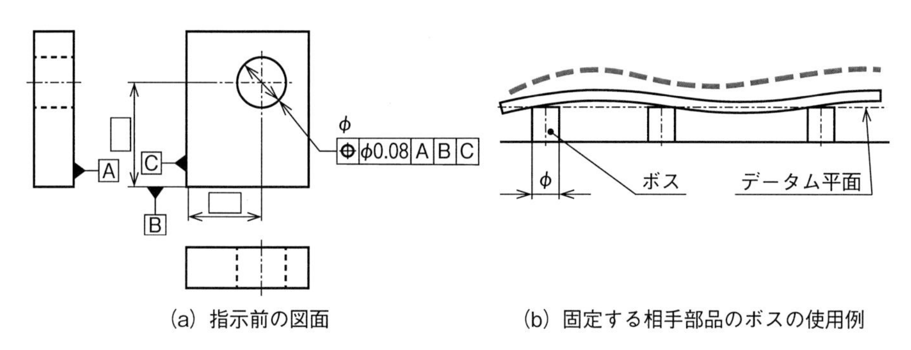

(a) 指示前の図面　　(b) 固定する相手部品のボスの使用例

図 3-15　データムターゲット指示前

ここで問題になるのは、板金加工では、板材そのもののうねりや反りは矯正できないということだ（技術的には可能だがコスト増になるのでまず行わない）。

では板金や樹脂部品のように、表面の反りやうねりがどうしても発生してしまう部品を安定して組み付けるのに、設計者はどう対応しているか？一般には、この部品を固定する相手部品側にボスを立てるなどの方法（**図 3-15(b)**）で、接触領域を限定することによって組立後の状態を安定させているはずである。

このことがデータムターゲットの考え方であり、データムを設定するのに用いる場所を明確に指示することで、基準を安定化させることが目的である。凹凸面でも3点で指示すると安定して支えることができる。そこで、第1次データム平面を安定させるために、3点のボスの位置を指示する。ボスの位置は設計者が決定するので、その位置は理論的に正確な寸法で示す（寸法を□で囲う）。

データムターゲットを記載した例が**図3-16**である。図のように、データムターゲットはバルーン（風船）で表示する。円を描いて横線で上下を仕切り、上段に

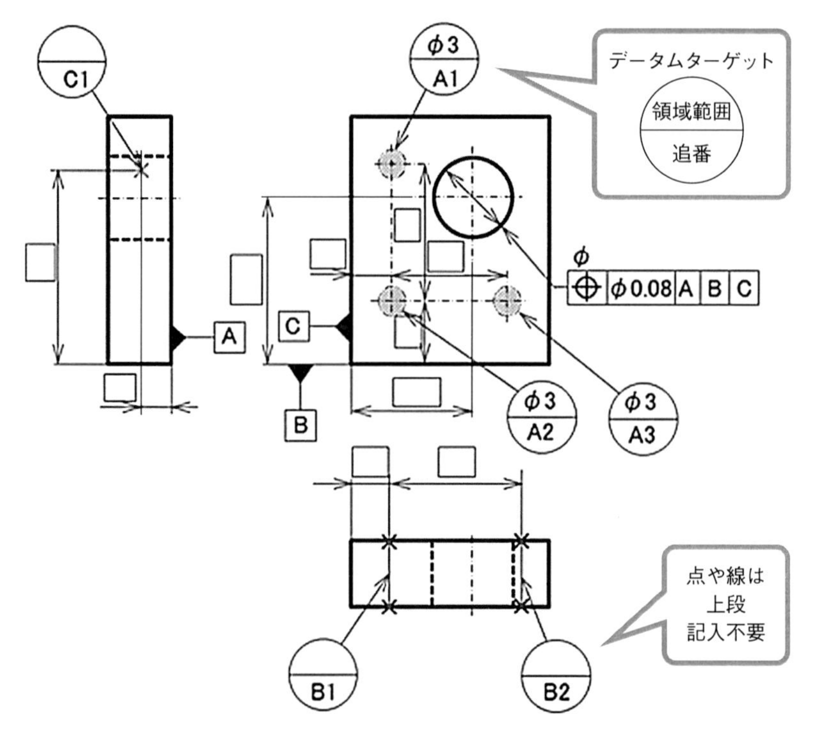

図 3-16　データムターゲット指示例

表 3-2　データムターゲット記号（JIS B 0022）

データムターゲット	記号	備考
点	×	太い実線の×印
線	×——×	2つの×印を細い実線で結ぶ
円領域	（斜線入り円）	細い2点鎖線で囲みハッチングを施す。ただし、2点鎖線の代わりに細い実線可。
四角領域	（斜線入り四角）	

はデータムターゲットの領域範囲を記載し、下段には追番を記載する。上段に範囲を書けない場合は別記で描くようにする。点や線の場合はバルーンの上段は記入不要である。

表 3-2 はデータムターゲットの指示記号である。設計意図に応じて使い分けてほしい。

3.3.6 共通データム

共通データムは2つの異なる形体を1つのデータムとして扱う方法である。機能的に2つの形体を優先順位を付けずに共通の基準としたい場合に有効である。共通データムには共通データム軸直線、共通データム平面、共通データム中心平面の3種類がある。

3.3.6 (1) 共通データム軸直線

図 3-17 では、左右両方の軸直線をそれぞれデータム A・B とし、この2つのデータムを共通データムとして、中央の円筒形体を幾何公差で規制している。表示は「A–B（A ハイフン B）」となる。ローラー、ボールねじ、シャフトなどの軸部品によく使われる。

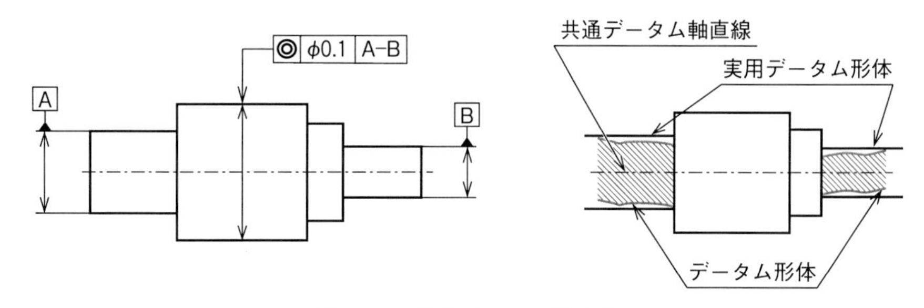

図 3-17 共通データム軸直線

3.3.6 (2) 共通データム平面

図 3-18 が共通データム平面の図である。通常、データム平面は段差のない平面で構成されるが、段差のある平面を基準面としたい場合に用いる。図のように基準となるデータム面が、データム平面 A とデータム平面 B の両面となり、段差の距離を理論的に正確な寸法で関係性を定義した上で A–B と表記する。

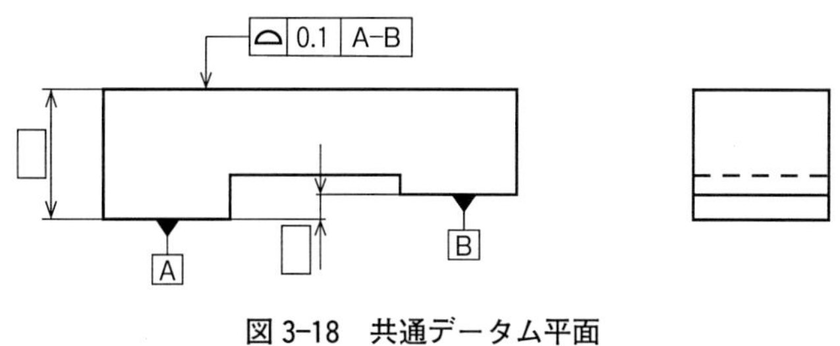

図 3-18 共通データム平面

3.3.6 (3)　共通データム中心平面

図3-19のように左右に溝形状がある部品の場合を例に説明する。この場合、左右の溝の中心平面をそれぞれデータム A・B とし、両方の中心平面を共通データム（A-B）として、中央長穴の中心平面を対称度（3.7.3 項参照）で規制している。

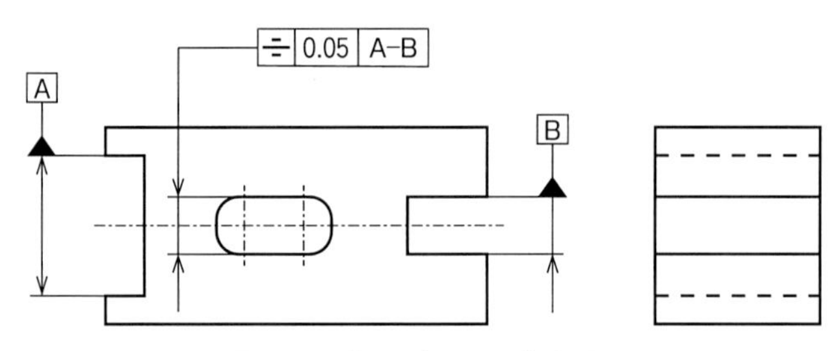

図 3-19　共通データム中心平面

3.3.7　データムの優先順位

公差記入枠の解説で、データムは優先順位の高い順に左から記載すると説明した。では優先順位が違うとどうなるのかを見ていこう。

3.3.7 (1)　平面と平面に直角な穴の軸直線の例

①　データム平面 A のほうが優先度が高い場合

図3-20は、右の穴の位置を位置度で規制する図であるが、第1次データムがデータム平面 A で、第2次データムがデータム軸直線 B となっている。その際、平面のデータム形体に少し凹凸があるように、データム軸直線としたい穴についても凹凸や傾きがある。

この場合、まず測定する部品の底面（データム形体）と実用データム形体から、

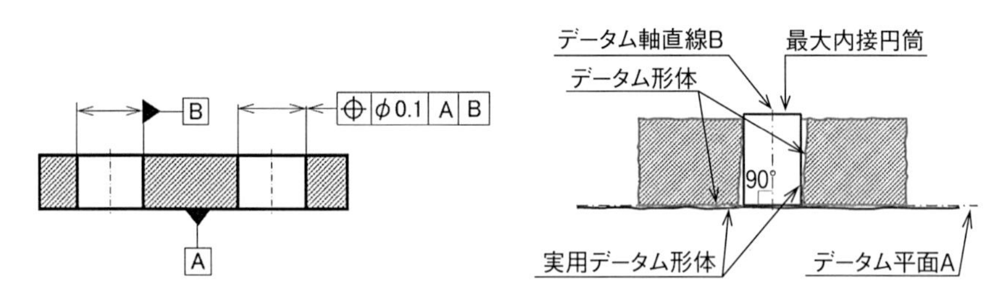

図 3-20　データム平面が優先の場合

データム平面Aを設定する。これが第1次データムとなる。第2次データムは、第1次データムに対して理論的に正確に直角であるため、データム平面Aに直交する実用データム形体（最大内接円筒）を設定することになる。その最大内接円筒の軸直線がデータム軸直線Bとなる。

② データム軸直線Bのほうが優先度が高い場合

図3-21 では前項とは逆に、位置度の第1次データムが穴のデータム軸直線Bで、第2次データムがデータム平面Aとなっている。

まず、左側の穴に最大内接円筒を設定する。この軸直線が第1次データムとなるデータム軸直線Bになる。第2次データムは第1次データムに対して直角であるため、データム軸直線Bに直交し、部品底面に接する平面を設定する。これがデータム平面Aとなる。

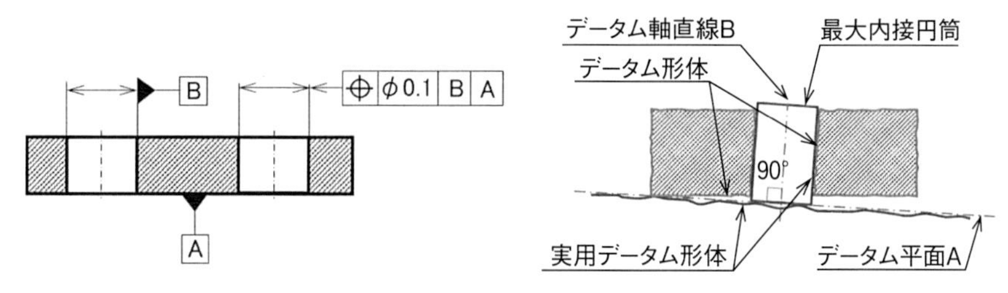

図3-21　データム軸直線が優先の場合

3.3.7 (2) 穴の位置の例

① データム平面Bのほうが優先度が高い場合

図3-22(a) は、穴の位置を位置度（3.7.1項参照）で規制する図であるが、第1次データムがデータム平面Aで、データム平面Bとデータム平面Cから正確に

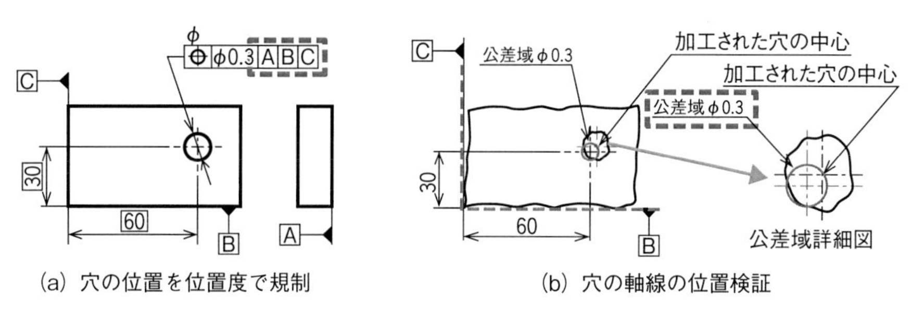

図3-22　データム平面BがCより優先度が高い場合

それぞれ 30、60 離れた位置にあけた穴の軸線を ϕ0.3 の公差域で規制している。これを測定するにあたって、実用データム形体に合わせる方法を採るとしよう。

図 3-22(b) は、実際の品物を想定して穴の軸線の位置検証をしている図で、図面の長方形に対して若干平行四辺形になっている。

この場合、最初にデータム形体 A を合わせた後、データム形体 B を C より先に実用データム形体に合わせる。データム形体 C は最後に実用データム形体に合わせる。

その結果、この品物の穴の軸線は規格である公差域 ϕ0.3 の中に入っているので、この品物は検査合格となる。

② データム平面 C のほうが優先度が高い場合

図 3-23(a) は、図 3-22 と比べて、公差記入枠内のデータム B と C の順が入れ替わっている。つまり、データム C の優先度が B より高い。

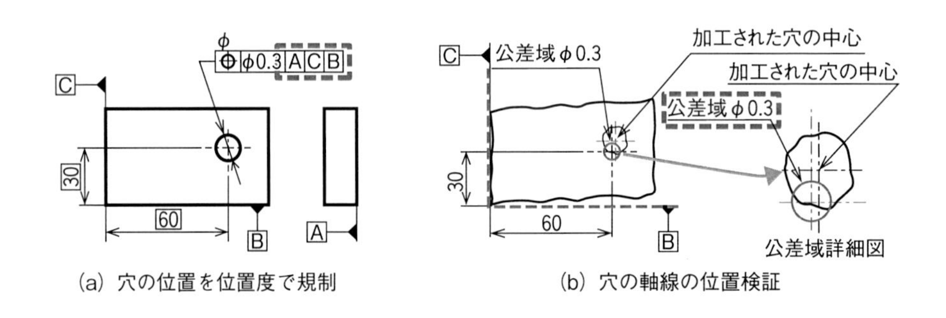

図 3-23 データム平面 C が B より優先度が高い場合

この場合、最初にデータム形体 A を合わせる点は同じだが、データム形体 C を B より先に実用データム形体に合わせる。データム形体 B は最後に実用データム形体に合わせる。

図 3-23(b) は、まったく同じ品物を合わせた結果の図である。その結果、穴の軸線は規格である公差域 ϕ0.3 の中に入っていないため検査不合格となる。このように、同じ品物でもデータムの優先順位が違うことによって検査結果に違いが出てくる場合もあるので、設計者自身が何を優先するかを検証した上で設定する必要がある。

3.3.7（3） 軸部品の例

図3-24（a）（c）は、軸部品においてデータムとして設定しているつば部（データムB）と軸直線（データムA）の優先順位を変えて設定した図面である。また**図3-24（b）（d）**は、優先順位に従ったデータムの設定方法である。この品物では、データム軸直線Aのデータム形体とつば部のデータム形体との間に曲がりや傾きがある。

図3-24では、円周振れ（3.8.1項参照）という幾何公差を用いている。品物をデータムの優先順位に従って実用データム形体に合わせ、品物を回転させたときの指定面の振れの大きさを規制している。

この事例では合格・不合格を検証していないが、データムの優先順位が違うことで測定結果にも違いが出てくることがおわかりいただけるかと思う。

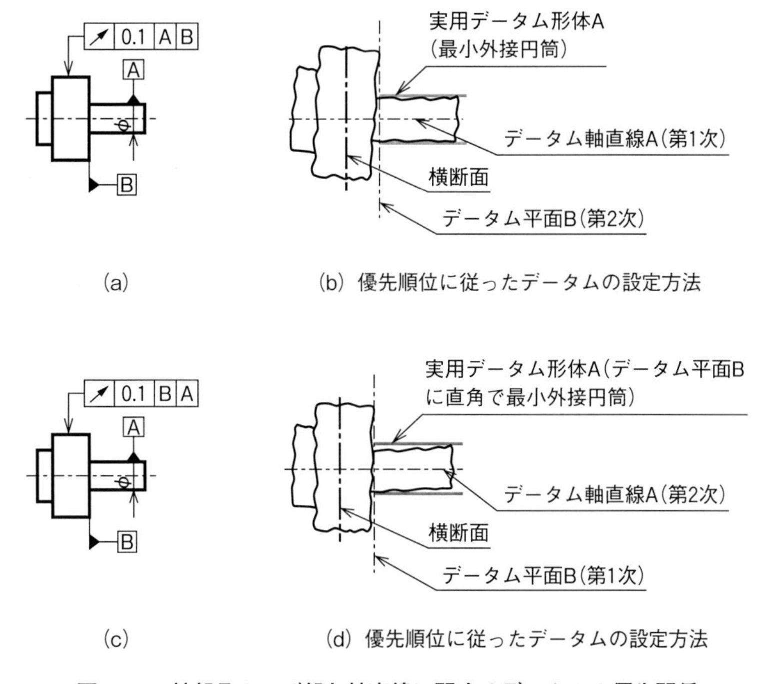

図3-24 軸部品のつば部と軸直線に関するデータムの優先関係

3.3.7 (4)　軸受部品の例

図 3-25 はアルミ製軸受部品の図面である。幾何公差を用いて、データムの設定と、同軸度（3.7.2 項参照）が設定されている。ここでは、ϕ36 の円筒部のデータム軸直線 A に対して、右側の ϕ31 の穴の軸線がどれだけ正確に同軸上にあるかを規制している。この図には図面指示上の間違いはないが、確実な測定、保証ができるかという点で見たらどうだろうか？

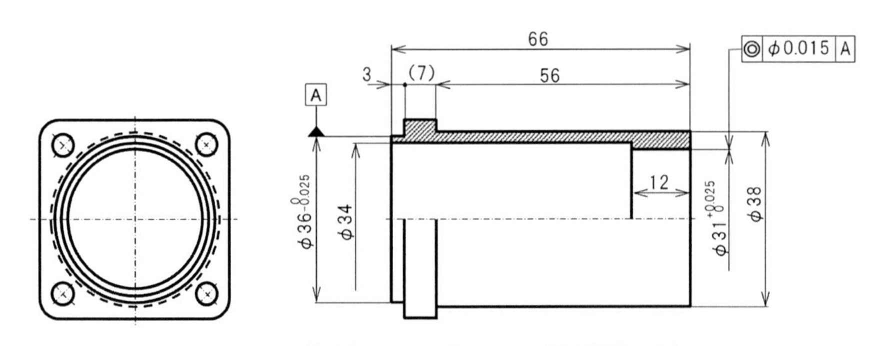

図 3-25　軸受部品でのデータムの優先順位の例

この図面では ϕ36 の径の軸直線をデータムに指定しているが、この部分は長さ 3 mm で肉厚は 1 mm、材質は比較的軟質の素材であるアルミである。長さ 3 mm で ϕ36 円筒部の軸直線を検出することは非常に困難である。結果として、この図面に基づく部品は、安定した検査ができず、良品率は非常に低くなる。そこで、改めて設計意図を確認したところ、**図 3-26** のように変更できることがわかった。

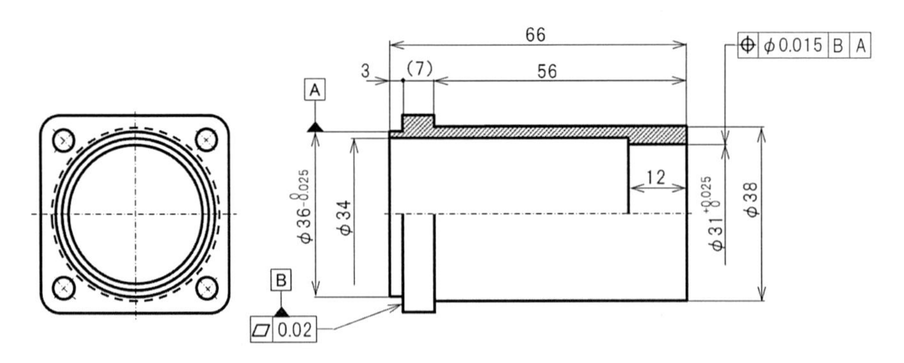

図 3-26　軸受部品のつば部をデータム平面に設定した例（改善例）

当初、設計者はϕ36の円筒部の軸直線をデータム軸直線にしようとデータムを設定したが、その横には広い面積を持つ平面（つば部）があり、このつば部を4本のねじで固定する部品であることがわかった。組立の観点から見て、最初に相手部品に係合するのはつば部だったのだ。安定した形体であるつば部を第1次データム平面とすれば、データム軸直線が安定する。

そこで、このつば部の平面度を規制して第1次データム平面に設定する。そしてデータム平面Bに直交するϕ36円筒部の軸直線を第2次データム軸直線Aとして設定することにより、安定したデータム系が構築できる。

データムB・Aとしたため、同軸度を位置度に変更しているが、公差域は変わらない。これにより安定した検査が可能となり、良品率の向上にもつながる。

組立も検査も加工も、安定した基準を
持っていることが肝心だよ

その基準を指示しているのが
「データム」なんですね

3.4 幾何公差の指示方法

ここでは、幾何公差を指示する基本ルールを示す。

3.4.1 データムの指示方法

データムの記号は三角形である。形は正三角形でも二等辺三角形でもよく、**図3-27** に示すように色は白抜きでも黒塗りでも OK である。ただし、いずれも1種類に統一するのが原則である。視認性に優れるため、本書では黒塗りを推奨している。そしてデータムの記号から補助線を伸ばし、正立のデータム文字を正方形で囲む。データムの文字は英語のアルファベットの大文字のみ使用可能である。なお、大文字アルファベットは断面図や詳細図などにも使用するため、重複は避けることをお勧めする。

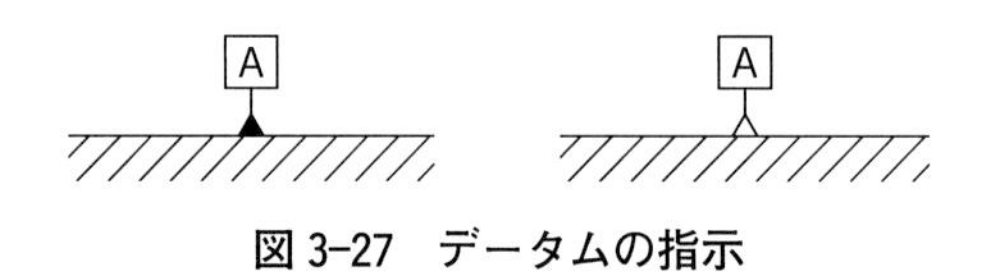

図 3-27 データムの指示

3.4.2 外殻形体（外形・穴の表面）への幾何公差・データム指示

公差記入枠は、幾何公差で規制したい外殻形体を表わす線に矢印で指し、公差記入枠は水平方向に描く。引出線は公差記入枠の左右どちらから出してもよい。水平方向に延びる形体の線に対しては引出線を1回曲げて公差記入枠とつなげる。

幾何公差およびデータムとも**図 3-28 (a)** のデータム A のように寸法補助線上に

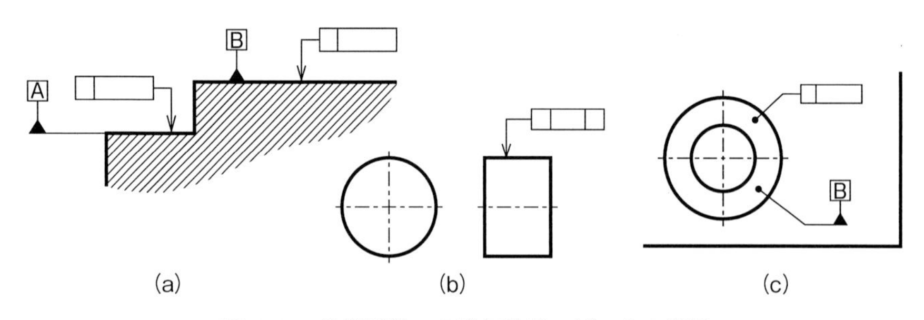

図 3-28 外殻形体への幾何公差・データム指示

指示したり、**図 3-28(c)**のように投影面に指示することも可能である。

3.4.3 誘導形体（中心点・軸線・中心平面）への幾何公差・データム指示

公差記入枠は、幾何公差で規制したい穴や溝形状のサイズ寸法を記載している寸法線の延長線上にまっすぐ線を伸ばして線をつなぐ。

また、データムは**図 3-29(f)**のように公差記入枠につけても良い（外殻形体も同様）。**図 3-29(d)～(f)**は投影面の軸線に指示する場合を示す。

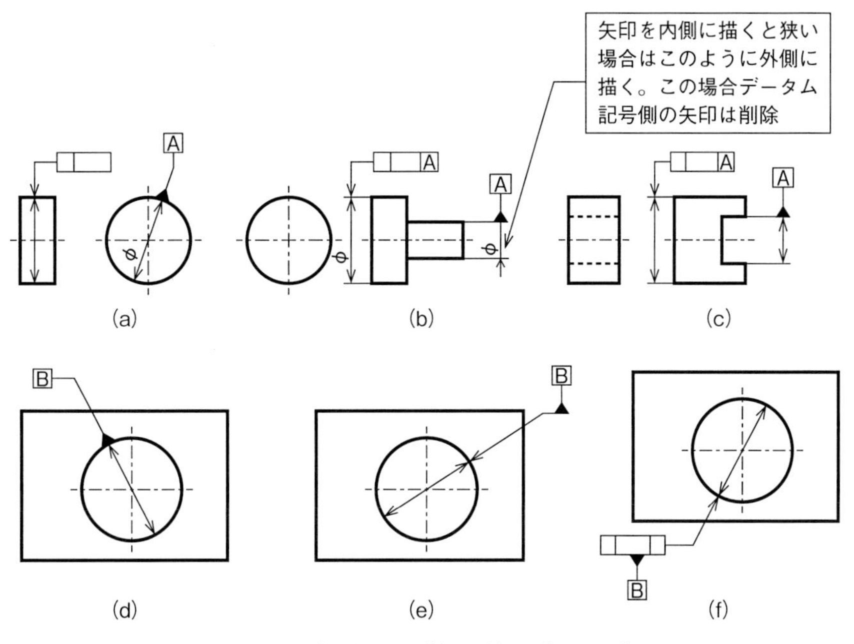

図 3-29　誘導形体への幾何公差・データム指示

図 3-30(a)(b)はデータムの指示方法が間違った表記であり、**図 3-31(a)(b)**は正しい表記である。図 3-30(a)のように寸法線の延長線上に指示されていなかったり、図 3-30(b)のように軸線上に指示されている場合は誘導形体への指示とはならず、設計意図が間違って伝わってしまうので注意すること。古い JIS では図 3-30(b)のように軸線に直接指示できたが、現在は指示できない。

ただし、例外として図 3-31(b)のように、テーパ形状の中心軸には指示できる。

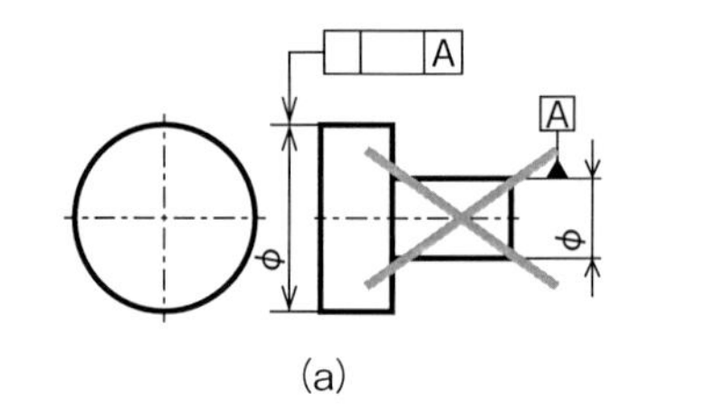

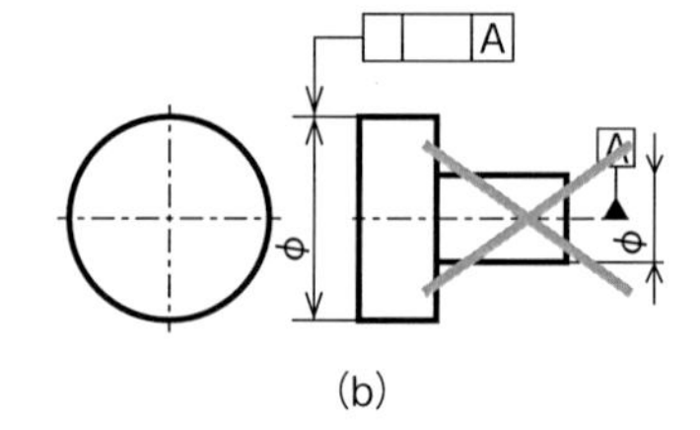

図 3-30　間違った指示方法

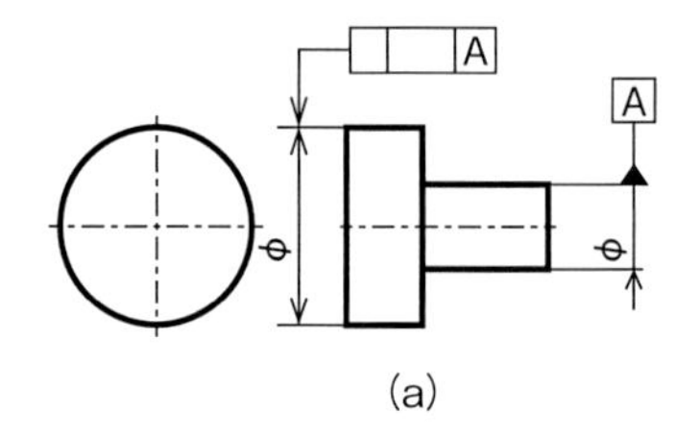

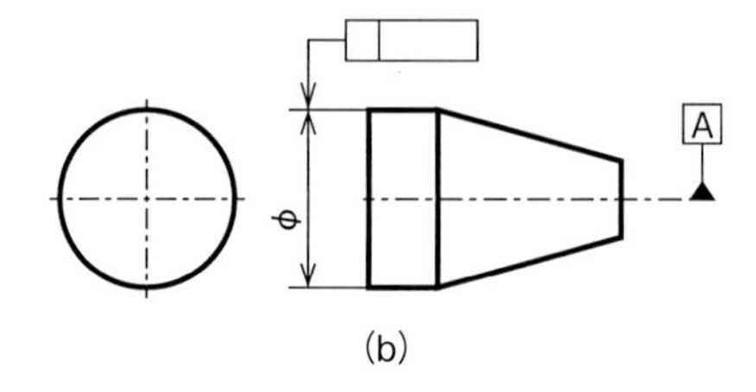

図 3-31　正しい指示方法

3.4.4　指定範囲への幾何公差・データム指示

図 3-32 は設計者が指定した範囲に幾何公差・データムを指定する方法である。図 3-32(a)は断面図に指示する方法で、1 点鎖線の太線で表記する。1 点鎖線の位置、範囲は寸法で示す。幾何公差は 1 点鎖線上に指示する。

図 3-32(b)は投影面に指示する方法で、1 点鎖線の太線で範囲を指定する。範囲の大きさ、位置は寸法で示す。

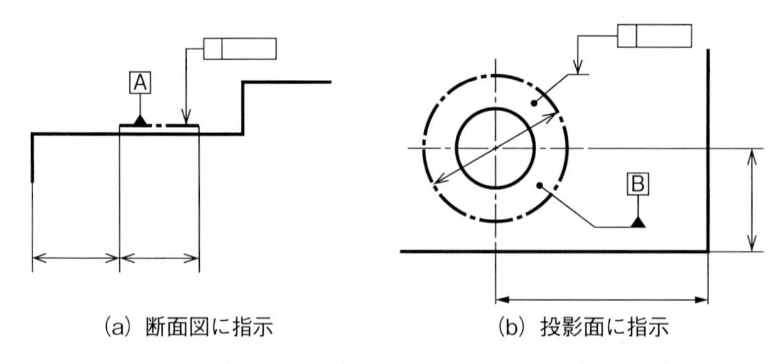

図 3-32　指定した範囲に幾何公差・データムを指示する場合

3.4.5　共通公差域

図 3–33 は共通公差域の指示方法である。共通公差域（Common Zone）とは、離れた複数の形体に対して共通の公差域を設定するためのもので、公差記入枠内の公差値の後に「CZ」と記載する。この図例では、溝で別れた 2 つの平面に対して面の輪郭度（3.5.6 項参照）を指示している。

CZ がない場合は、別れた面それぞれ個別に公差域が発生するが（図 3–33(a)）、CZ を指示した場合は、図 3–33(b)のように共通公差域で規制をする指示となる。

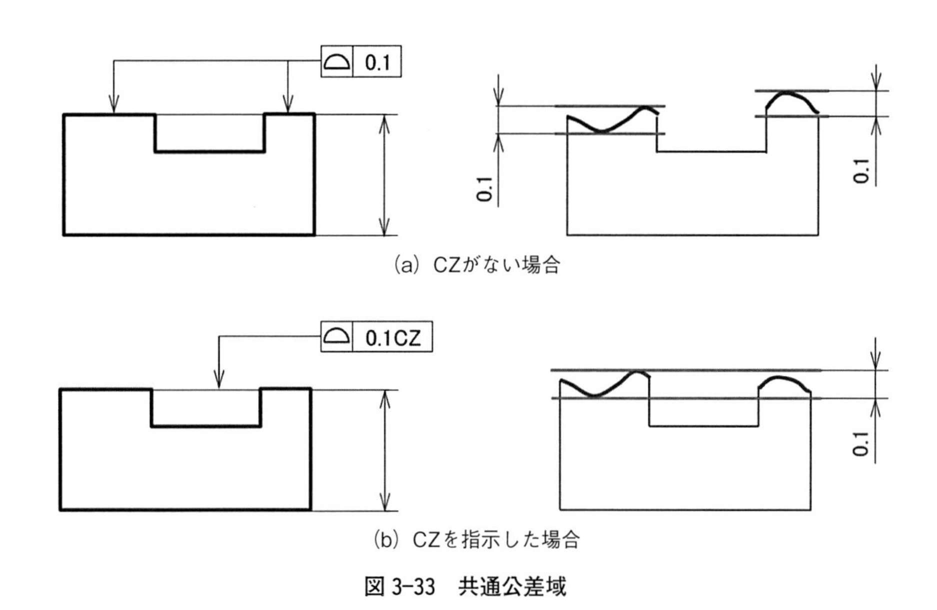

図 3–33　共通公差域

Check! 最新のISOにおけるCZについて

CZは「Common Zone」の指示記号であると解説したが、ISO 1101：2017では、CZの正式名称が「Combined Zone」（コンバインドゾーン）に変更されている。図示記号は同じくCZとなっている。

使用方法としては、これまで通りの使い方で使用できる一方で、より様々な使い方ができるようになっている。ここでは例の1つを紹介する。

例えば、これまでのCommon Zoneでは、離れている同じ高さの平面や同軸線上の軸に対してだけ指定できるとしていたのに対して、Combined Zoneでは、**図3-34(a)**のように高さの違う平面に対しても指定できるようになっている。これまでと書き方が違うのは、離れた2つの平面をTED（理論的に正確な寸法）で結んでいる点である。これによって2つの平面の輪郭度公差域は**図3-34(b)**のように規制される。

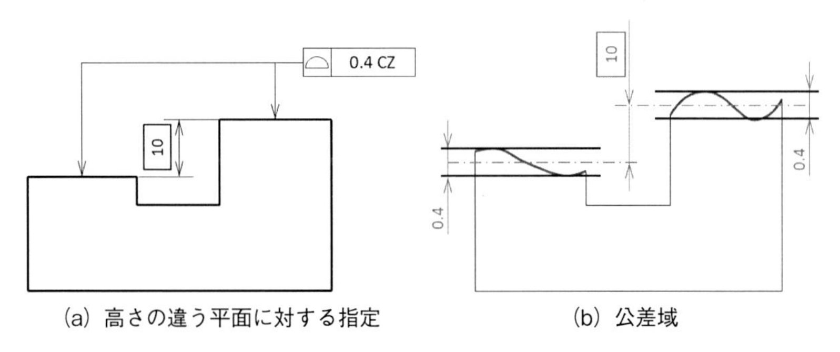

図3-34　Combined Zoneの公差域の一例

離れた2平面の高さをTEDで規制することで、高さが違っても同一の公差域として設定することができる（これまではTEDが0の場合のみだった）。

この規格は筆者の執筆時点で、JISにはまだ規定されていない。しかし、海外の図面を扱う企業が着実に増えてきているため、最新の国際規格の動向にも目を向けていくことは、今後重要性が増していくことだろう。

3.4.6 輪郭度の全周指示

幾何公差の中で、輪郭度は全周規制という特殊な規制を行うことができる。輪郭度には線の輪郭度と面の輪郭度の2つがあるが、両方に適用できる。

図3-35が全周指示の方法で、(a)が線の輪郭度、(b)が面の輪郭度である。引出線と公差記入枠への補助線の折れ曲がり部に○がついている。これが全周指示の記号である。

線の輪郭度の場合は、輪郭度指示のある投影図の投影面に平行な任意の断面をとり、その外周を線ととらえて形状を規制する。全周指示なので1点鎖線の部分が規制対象となる。

面の輪郭度の場合は、輪郭度を指示した投影面の外形形状の全周全面が規制対象となる。図3-35(b)右側の図に規制対象面（1点鎖線部）を示した。ハッチングのある面は規制対象外となるため注意すること。

全周指示は幾何公差特有のものではなく、溶接や表面性状にも使われている指示方法である。

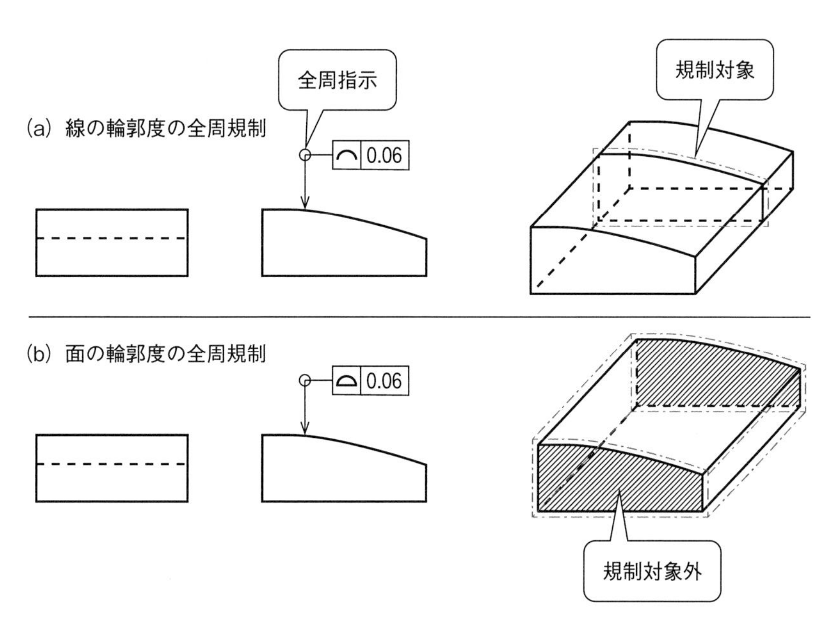

図3-35 輪郭度の全周指示

3.5 形状公差

ここからは、それぞれの幾何公差について図示方法と解釈（公差域など）について述べていく（幾何公差の種類については表3-1参照）。設計意図を満足できるものを適切に選んでもらいたい。

形状公差は、データムとは関係せずに指示した面や軸がどれだけ精度のいい形状に収まってほしいかを規制している。そのため公差を指示するときにデータムが必要ない。むしろ、データムにしたい形体に対してまず形状公差を指示した後、その形体をデータムとするといった使い方もする（指示例では省略している）。以下に形状公差に分類される幾何公差について紹介する。

3.5.1 真直度

記号：—

真直度とは、直線形体の幾何学的に正しい直線からの狂いの大きさをいう（JIS B 0621）

主な図示方法と解釈

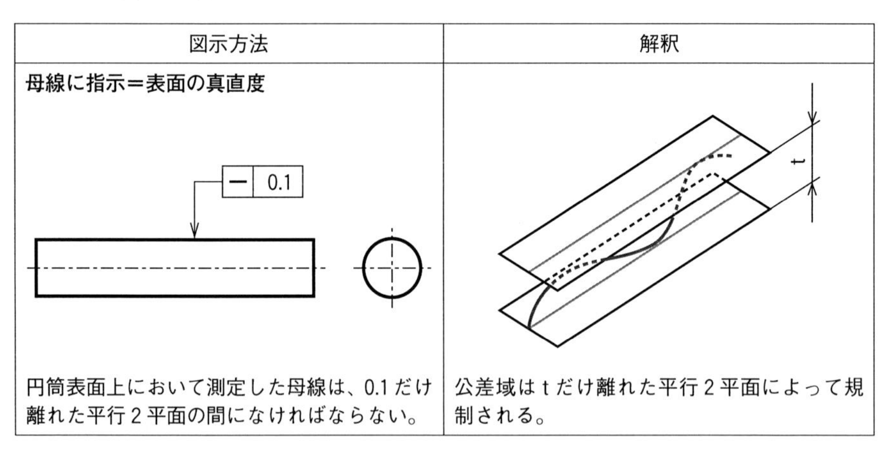

図示方法	解釈
母線に指示＝表面の真直度	
円筒表面上において測定した母線は、0.1だけ離れた平行2平面の間になければならない。	公差域はtだけ離れた平行2平面によって規制される。

図示方法	解釈
上側表面上で、指示された方向における投影面に平行な任意の測定した線は、0.05 だけ離れた平行 2 直線の間になければならない。 ※長手方向と短手方向で公差値を変えて同時に指定できる。	公差域は対象とする平面内で、t だけ離れ、指定した方向にある平行 2 直線によって規制される。
寸法線に指示＝中心軸の真直度 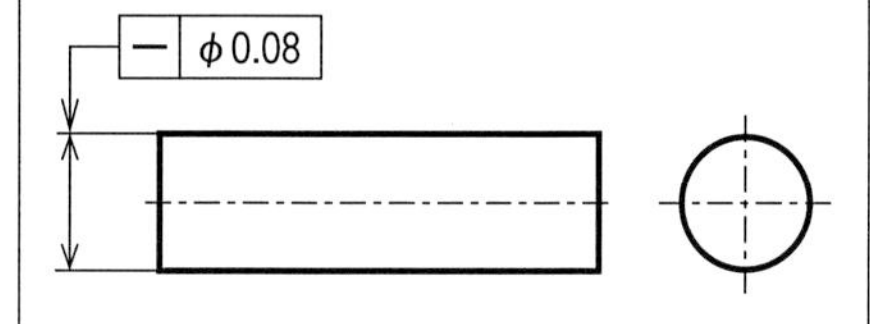 公差を適用する円筒の測定した軸線は、φ0.08 の円筒の中になければならない。	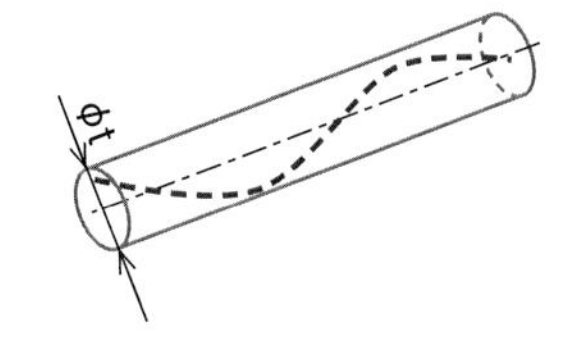 公差値の前に記号 φ が付いた場合の公差域は、φt の円筒によって規制される。
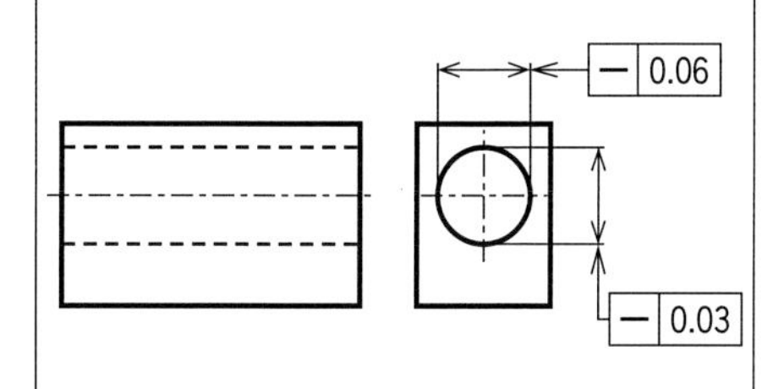 公差を適用する穴の測定した軸線は、水平方向の幅 0.06、垂直方向の高さ 0.03 の直方体の中になければならない。	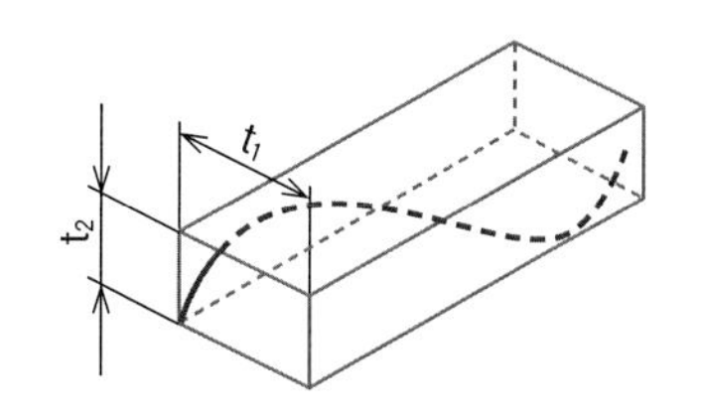 公差域は水平方向に t_1、垂直方向に t_2 の直方体によって規制される。

Check! 最小二乗法

真直度を求める場合、最小二乗法というロジックを使用する。この最小二乗法は3次元測定機以外の多くの測定機にも使われ、また、真直度を含む他の幾何公差の測定結果の検証に多く使われるロジックなので、簡単に紹介する。

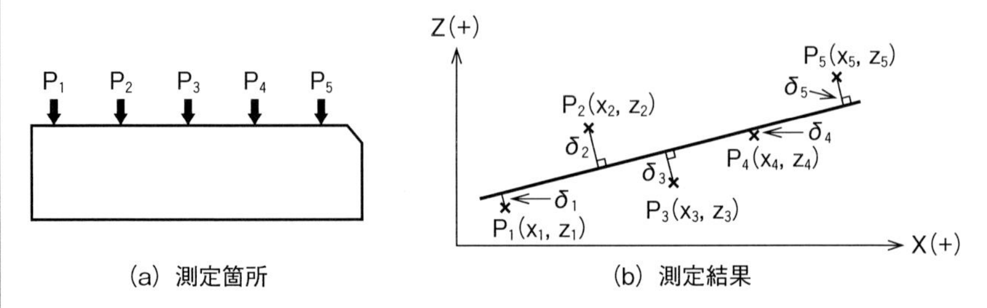

図 3-36　最小二乗法説明図

3次元測定機で**図 3-36(a)**のように矢印の向きで5か所厚みを測定すると、**図 3-36(b)**のような測定結果が求められる。各測定ポイントをここではP1～P5とし、それぞれがX, Y座標を持っている。この5点に対し、各点からできるだけ近い距離の直線を引く。

この直線に対し、各5か所の点からの距離を図のようにδ_1～δ_5とする。つまりδ_1～δ_5の二乗和が最小となる線を求めることが最小二乗法の意味であり、式で表すと、

$$S=\delta_1^2+\delta_2^2+\delta_3^2+\delta_4^2+\delta_5^2$$

となり、Sの最小値を求める。実際の計算は二次方程式によって行うが、計算の詳細はここでは省く。計算によって得られた直線が線形方程式（この場合は一次方程式）で表され、真直度はこの直線との距離で求めることができる。

得られた一次方程式の直線から上方の点で直線から最も遠い点への長さ（図3-36(b)ではδ_2）と同じく下方の点で直線から最も遠い点への長さ（図3-36(b)ではδ_3）の和が真直度となり、3次元測定機では測定結果を基に付属のPCで自動計算してくれる。

3.5.2　平面度

記号：▱

平面度とは、平面形体の幾何学的に正しい平面からの狂いの大きさをいう（JIS B 0621）

主な図示方法と解釈

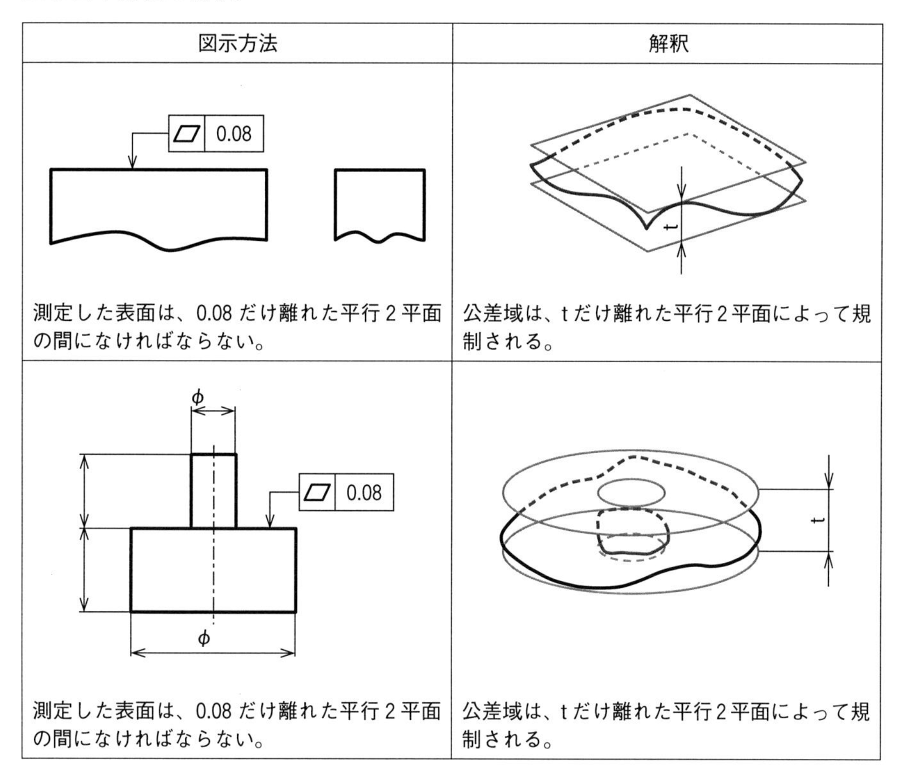

図示方法	解釈
測定した表面は、0.08 だけ離れた平行 2 平面の間になければならない。	公差域は、t だけ離れた平行 2 平面によって規制される。
測定した表面は、0.08 だけ離れた平行 2 平面の間になければならない。	公差域は、t だけ離れた平行 2 平面によって規制される。

図示方法	解釈
0.06 測定した表面は、0.06 だけ離れた平行 2 平面の間になければならない。	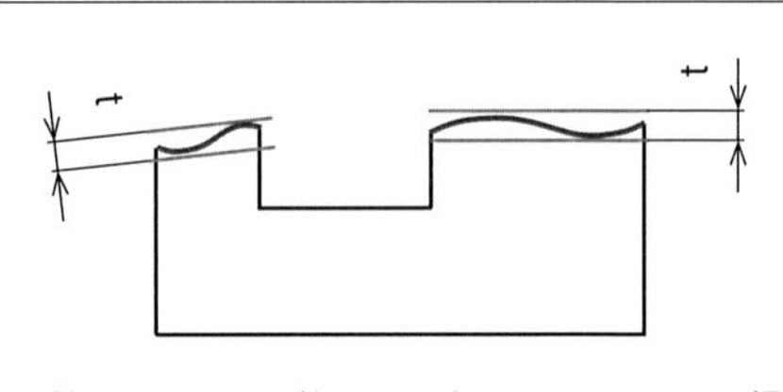 公差域は、t だけ離れた平行 2 平面によって規制される。 複数箇所に平面度が指示された場合は個々の公差域によって規制される。
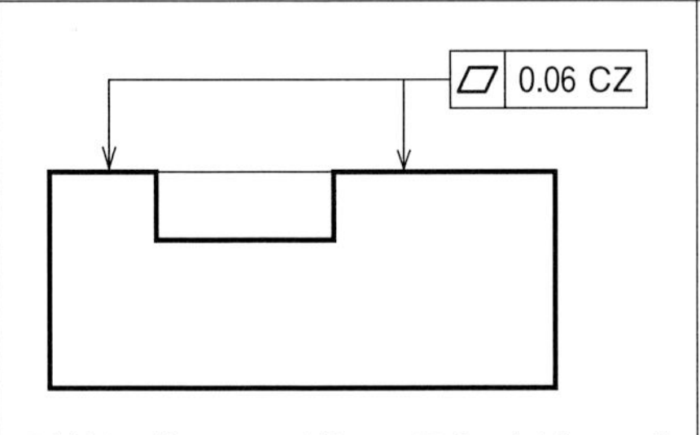 公差値の後に CZ が付いた場合、測定した複数の表面は、0.06 だけ離れた同一（共通）の平行 2 平面の間になければならない。	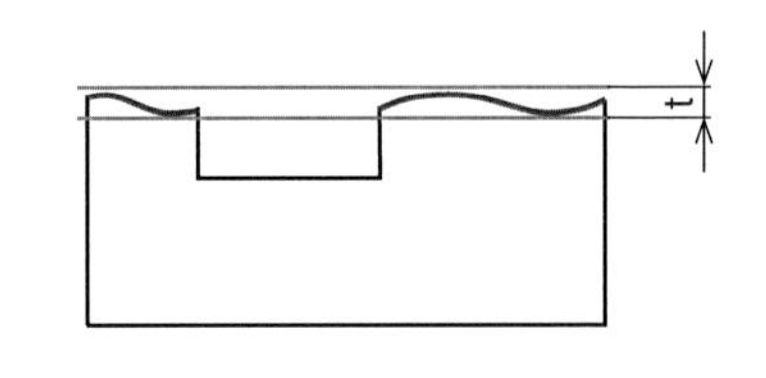 公差域は、複数箇所に平面度が指示され、公差値の後に CZ が付加された場合は、共通公差域によって規制される。

3.5.3 真円度

記号：○

真円度とは、円形形体の幾何学的に正しい円からの狂いの大きさをいう（JIS B 0621）

主な図示方法と解釈

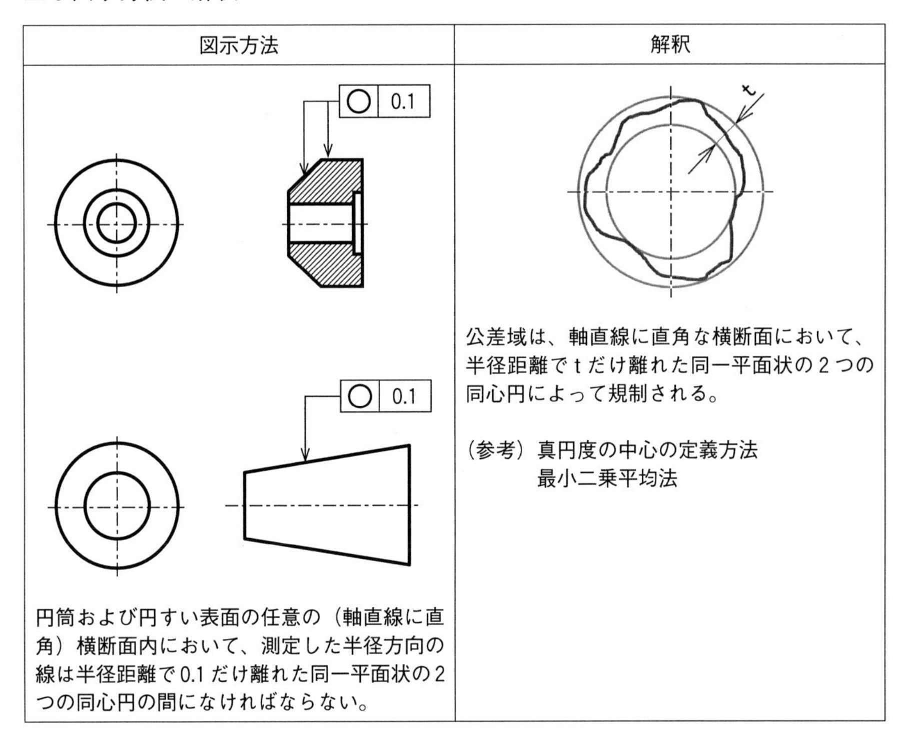

図示方法	解釈
円筒および円すい表面の任意の（軸直線に直角）横断面内において、測定した半径方向の線は半径距離で0.1だけ離れた同一平面状の2つの同心円の間になければならない。	公差域は、軸直線に直角な横断面において、半径距離でtだけ離れた同一平面状の2つの同心円によって規制される。 （参考）真円度の中心の定義方法 最小二乗平均法

Check! 円の中心を求める方法（真円度の中心の定義方法）

円の中心はどのように求めるのであろうか？ 方法は様々あるが、一般的には最小二乗平均法が使われているので、この方法について簡単に**図 3-37** で説明する。

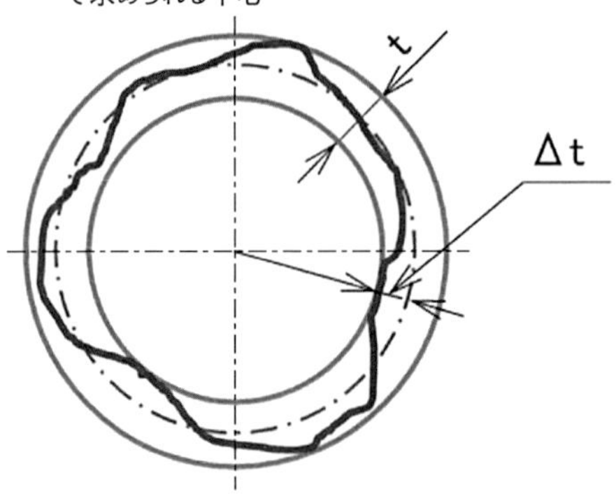

図 3-37　円の中心を求める方法

最小二乗平均法

仮の点を中心とした円を描き、その円から実際に測定した円のデータとの距離を Δt とし、この Δt の標準偏差を求める方法（最小二乗法）で、測定した円の中心を求める。この円の中心から測定した円のデータの中で最も大きな距離を半径とする円と、同じく測定した円のデータの中から最も小さい距離を半径とする円、これら２つの円の半径の差が真円度となる。

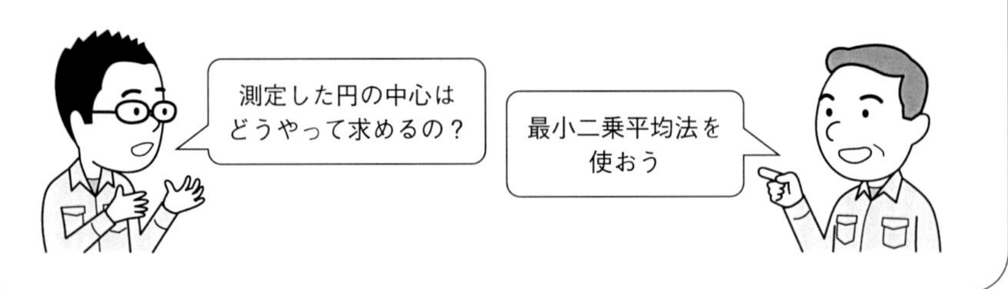

測定した円の中心はどうやって求めるの？
最小二乗平均法を使おう

3.5.4 円筒度

記号：⌭

円筒度とは、円筒形体の幾何学的に正しい円筒からの狂いの大きさをいう（JIS B 0621）

主な図示方法と解釈

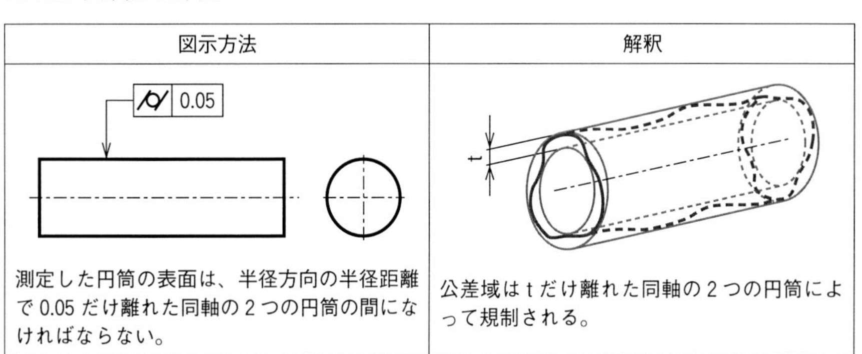

図示方法	解釈
測定した円筒の表面は、半径方向の半径距離で 0.05 だけ離れた同軸の 2 つの円筒の間になければならない。	公差域は t だけ離れた同軸の 2 つの円筒によって規制される。

Check! 真円度と円筒度の違い

真円度と円筒度はともに形体の丸さを規制する公差であるが、円筒度は円筒面全体を規制しているのに対して、真円度は任意の断面への規制である点が異なる。**図 3-38** に示すように、真円度はテーパ形状に対して使うこともできるが、円筒度は円筒形体にしか指示することはできない。

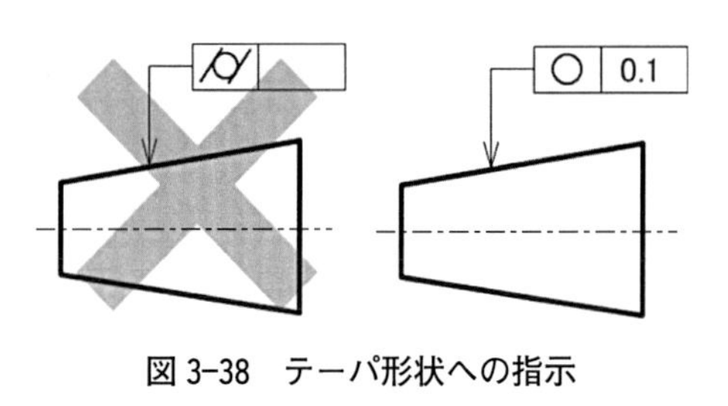

図 3-38　テーパ形状への指示

Check! 円筒度の公差域

円筒度は円筒部に適用できる。この円筒について任意の箇所の断面をとれば、そこには真円度が適用できる。**図 3-39** の端面を見れば真円度の公差域と同じである。tと描いてある部分の公差域は最初に学んだ真直度と同じである。このことから、円筒度は真円度と真直度の公差域を含んでいることがわかる。

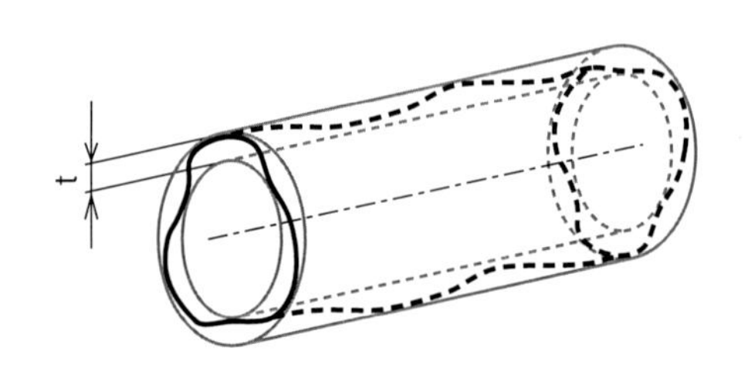

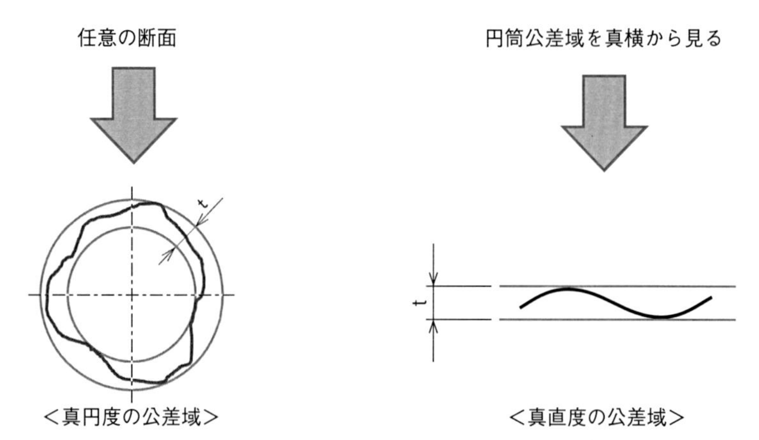

図 3-39　円筒度公差域は真円度、真直度公差域を含む

そこで、面であるが故に測定コスト（工数）が掛かる円筒度ではなく、真円度と真直度を併用して適用することで、円筒面の精度を効率よく検査させるという選択肢もある。もちろん、加工の難易度や安定性を考慮した上で問題がないことが前提となる。

3.5.5　線の輪郭度

記号：⌒

線の輪郭度とは、理論的に正確な寸法によって定められた幾何学的に正しい輪郭からの線の輪郭の狂いの大きさをいう（JIS B 0621）

主な図示方法と解釈

図示方法	解釈
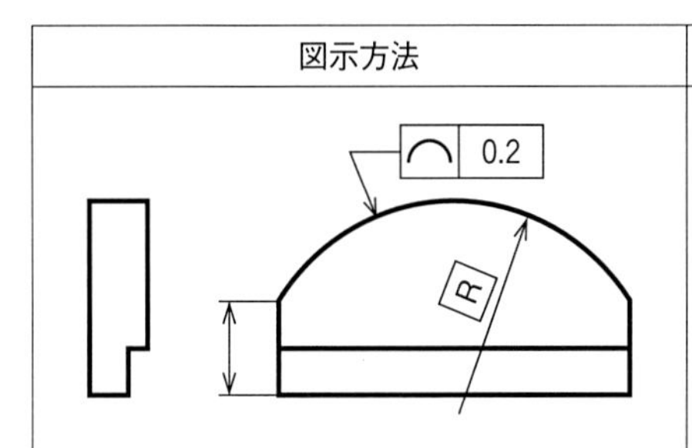	
指示された方向における投影面に平行な任意断面で、測定した輪郭線は、理論的に正確な輪郭線上に中心を持つ ϕ0.2 の円によって描かれる２つの包絡線の間になければならない。	公差域は ϕt の円によって描かれる２つの包絡線によって規制される。この円の中心は理論的に正確な輪郭線上に位置する。
データムに関連しない全周の線の輪郭度公差 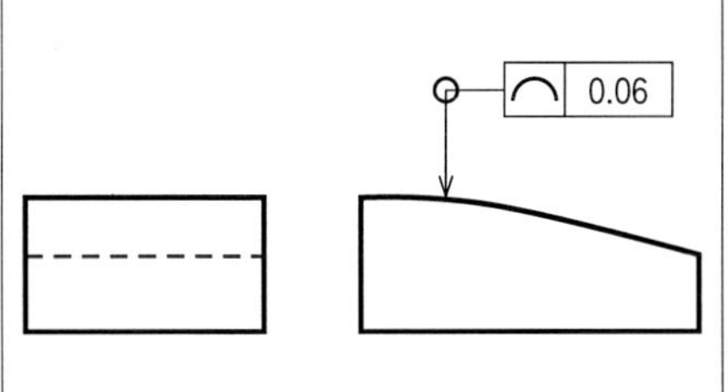	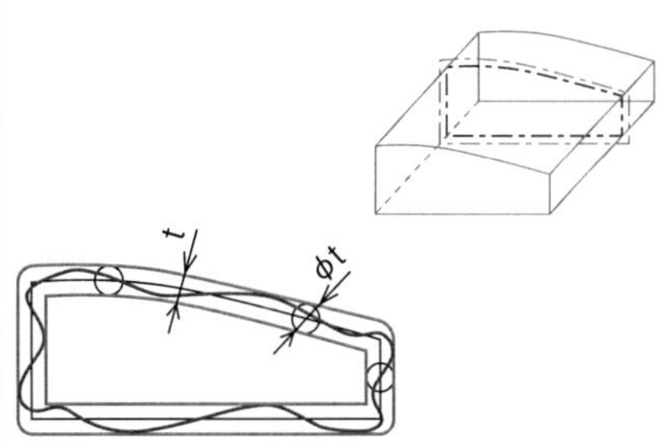
指示された方向における投影面に平行な任意断面で、測定した輪郭線は、理論的に正確な輪郭線上に中心を持つ ϕ0.06 の円によって描かれる２つの包絡線の間になければならない。	公差域は指示された方向における投影面に平行な任意断面において、ϕt の円によって描かれる２つの包絡線によって規制される。この円の中心は理論的に正確な輪郭線上に位置する。

3.5.6 面の輪郭度

記号：⌓

面の輪郭度とは、理論的に正確な寸法によって定められた幾何学的に正しい輪郭からの面の輪郭の狂いの大きさをいう（JIS B 0621）

主な図示方法と解釈

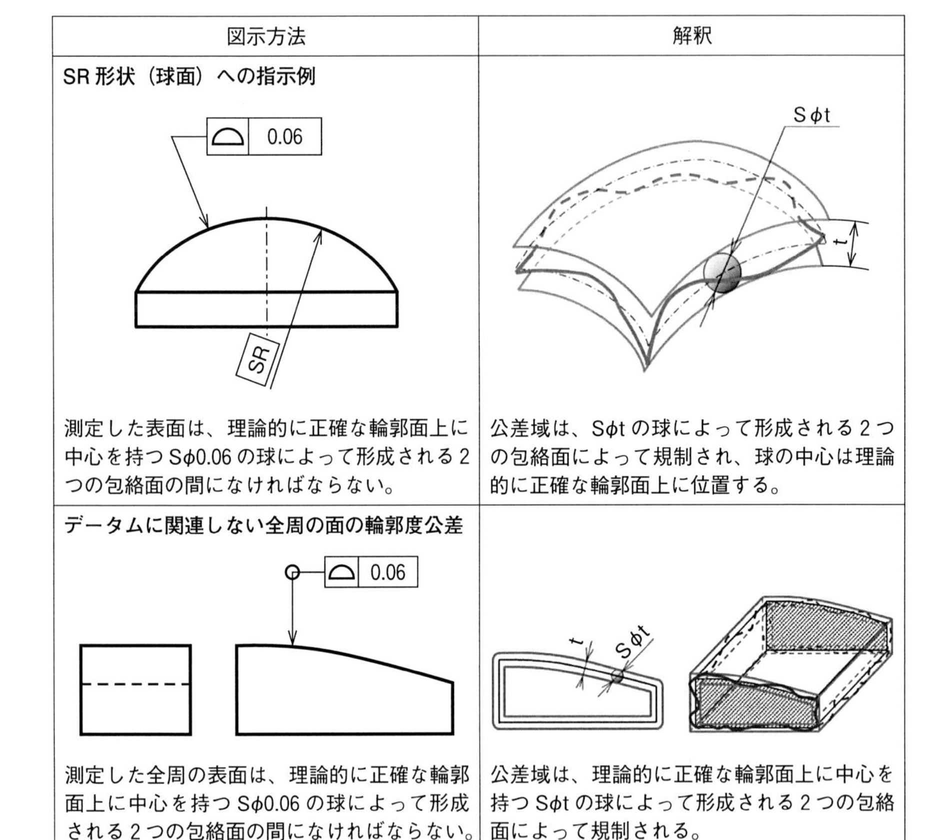

図示方法	解釈
SR 形状（球面）への指示例 測定した表面は、理論的に正確な輪郭面上に中心を持つ Sφ0.06 の球によって形成される 2 つの包絡面の間になければならない。	公差域は、Sφt の球によって形成される 2 つの包絡面によって規制され、球の中心は理論的に正確な輪郭面上に位置する。
データムに関連しない全周の面の輪郭度公差 測定した全周の表面は、理論的に正確な輪郭面上に中心を持つ Sφ0.06 の球によって形成される 2 つの包絡面の間になければならない。	公差域は、理論的に正確な輪郭面上に中心を持つ Sφt の球によって形成される 2 つの包絡面によって規制される。 ただし、図のように指示されないハッチング部の 2 平面は輪郭度の対象にはならない。

図示方法	解釈
平面に対する指示例 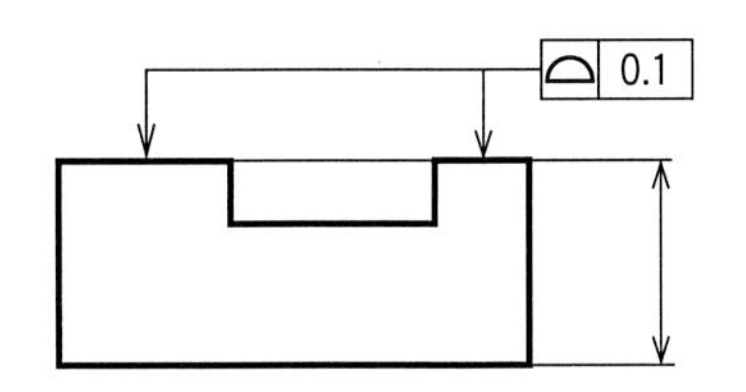 測定した表面は、それぞれの表面が 0.1 だけ離れた平行 2 平面の間になければならない。	この場合は両方とも平面度と同じ規制内容となる。 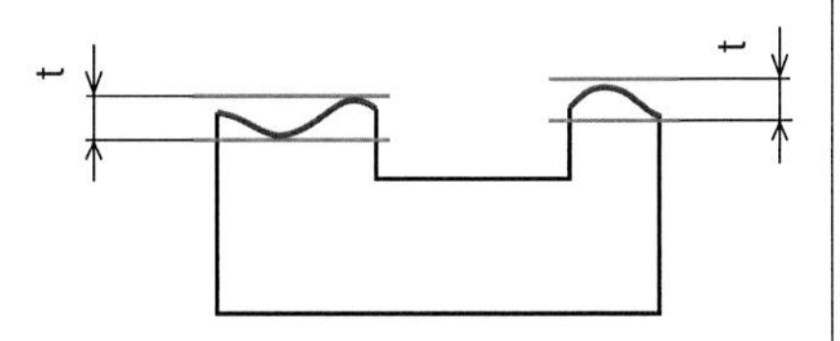 公差域は、それぞれの表面が t だけ離れた平行2平面によって規制される。2つの平面形体の高さ等の関係は独立である。
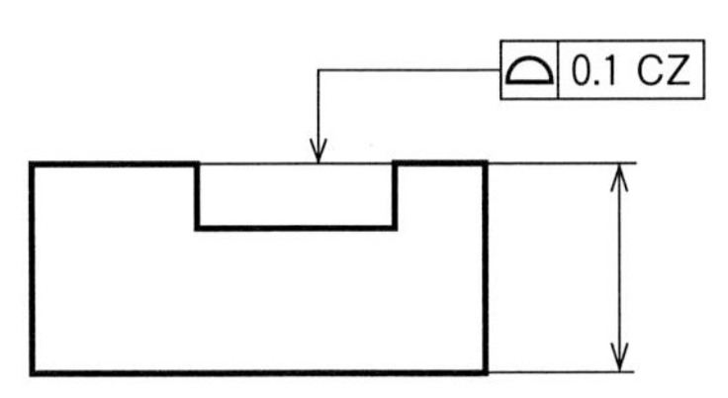 公差値の後に CZ が付いた場合、測定した複数の表面は、0.1 だけ離れた同一（共通）の平行 2 平面の間になければならない。	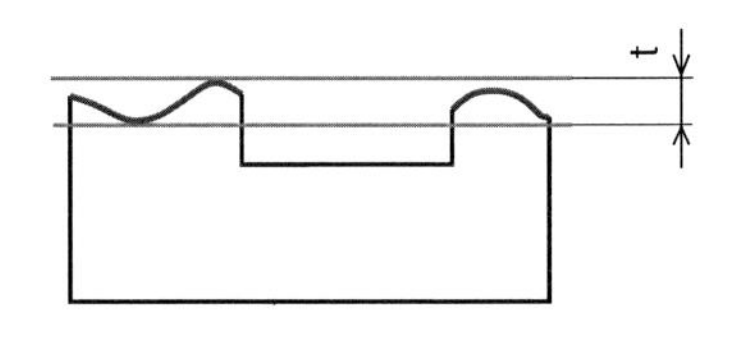 CZ が付いた場合の公差域は、図面指示の複数の表面が t だけ離れた同一（共通）の平行 2 平面によって規制される。

Check! 線の輪郭度と面の輪郭度の使い分けは？

- 線の輪郭度：任意の断面に対する規制
- 面の輪郭度：面全体に対する規制

使い分けは、加工方法・工程能力要求精度によって決める。

図 3-40 のような形状への指示を考えると、

・加工方法が射出成型・ダイキャストの場合　→　面全体を規制しないと精度保証できない。（面の輪郭度）

・治具グラインダのように工具形状で保証できる場合　→　任意の断面での規制で保証できる。（線の輪郭度）

図 3-41 のように、傾斜成分まで規制するためには、面の輪郭度指示が必要になる。

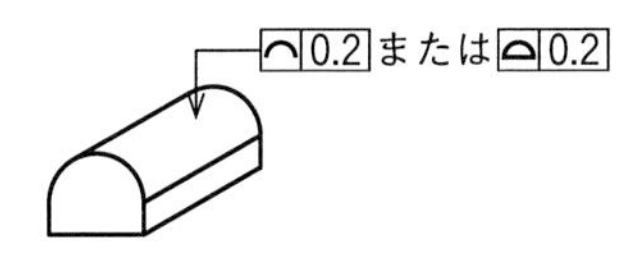

図 3-40

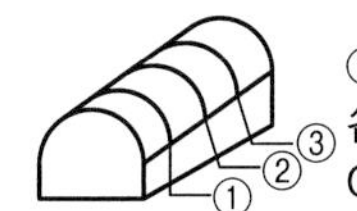

図 3-41

Check! 輪郭度利用の注意点

輪郭度はその定義の適用範囲の広さから、他の幾何公差の代わりに用いることもできる。形状公差でならば平面度にも真円度にも円筒度にも代用可能で、ルール上は使用しても問題ない。後述の位置公差の輪郭度も同様である（3.7 節参照）。

だが、幾何公差の名称・記号は、その多くが目的を端的に示すものとなっている。設計意図を円滑に伝えられるかという点を考慮して用いてほしい。

図面指示の目的はあくまでも「伝える」ことにあるのだから（**図 3-42**）。

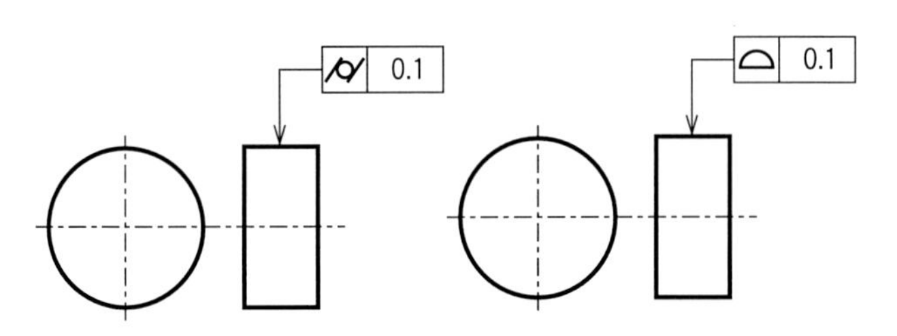

図 3-42　同じ公差域を示している 2 つの指示

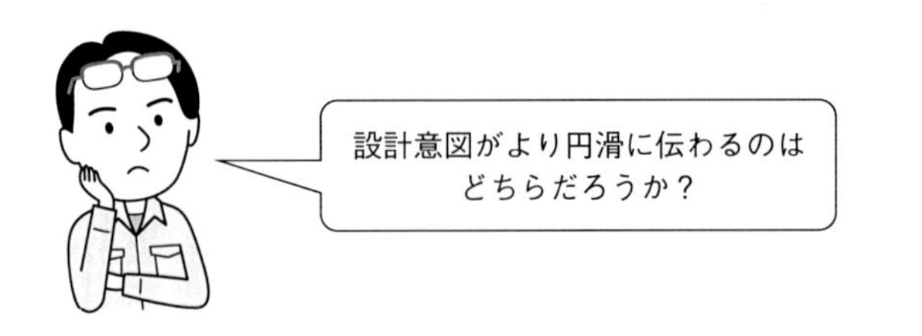

設計意図がより円滑に伝わるのは
どちらだろうか？

3.6 姿勢公差

姿勢公差は、あるデータムに対して対象となる形体の姿勢を規制する。データムに対する姿勢のみを規制しており、データムとの位置関係は不問である。用途としては、形状公差で規制した第１次データムに対して第２次データムの精度を規制するときに用いることが多い。

3.6.1 直角度

記号：⊥

直角度とは、データム直線またはデータム平面に対して直角な幾何学的直線または幾何学的平面からの直角であるべき直線形体または平面形体の狂いの大きさをいう（JIS B 0621）

主な図示方法と解釈

図示方法	解釈
基本形 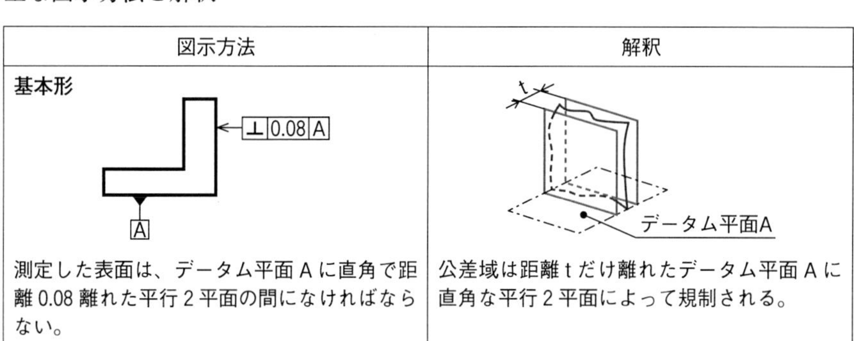 測定した表面は、データム平面Ａに直角で距離0.08離れた平行２平面の間になければならない。	公差域は距離ｔだけ離れたデータム平面Ａに直角な平行２平面によって規制される。
中心軸間の直角度 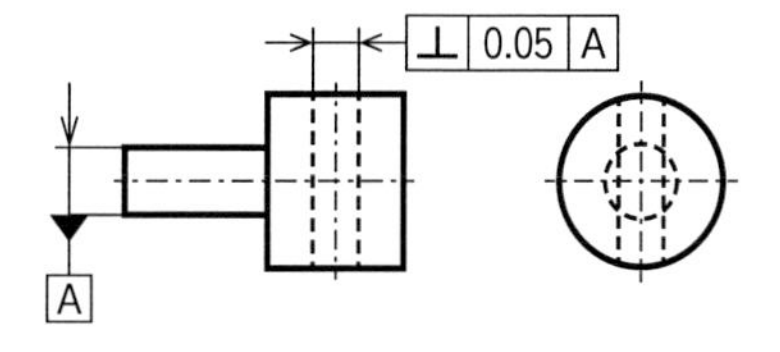 測定した軸線は、データム軸直線Ａに直角で、距離0.05離れた平行２平面の間になければならない。	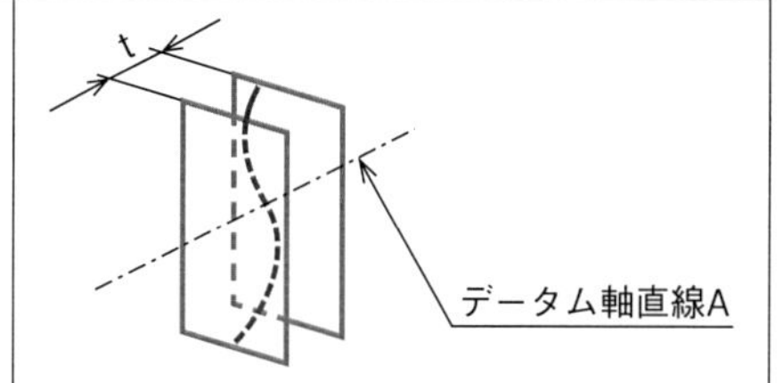 公差域は、距離ｔだけ離れ、データム軸直線Ａに直角な平行２平面によって規制される。

図示方法	解釈
方向を定めない直角度 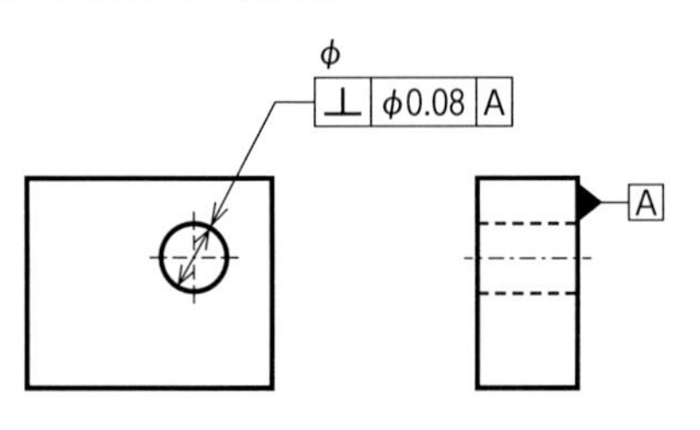 測定した軸線は、データム平面Aに直角なφ0.08の円筒の中になければならない。	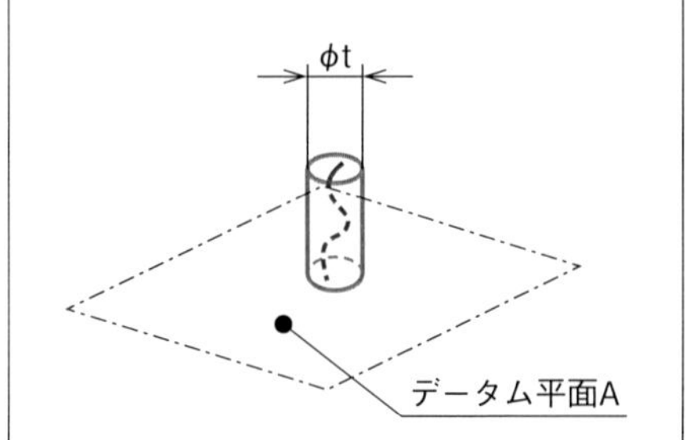 公差域は、データム平面Aに直角でφtの円筒によって規制される。
データム平面に関連した2方向の軸線の直角度 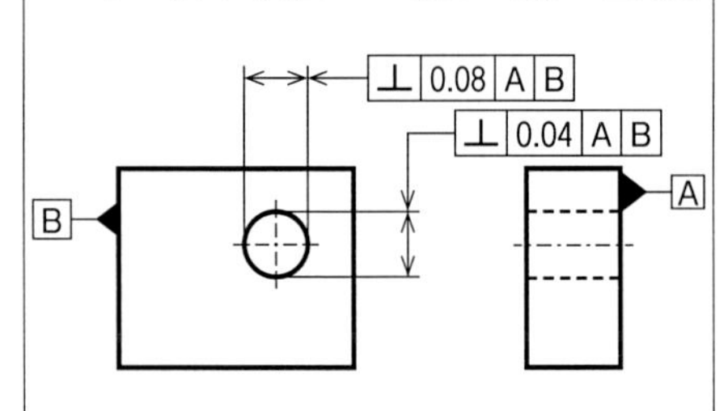 測定した軸線は、データム平面Aに直角でデータム平面Bと直交方向で0.04、平行方向で0.08の直方体の中になければならない。	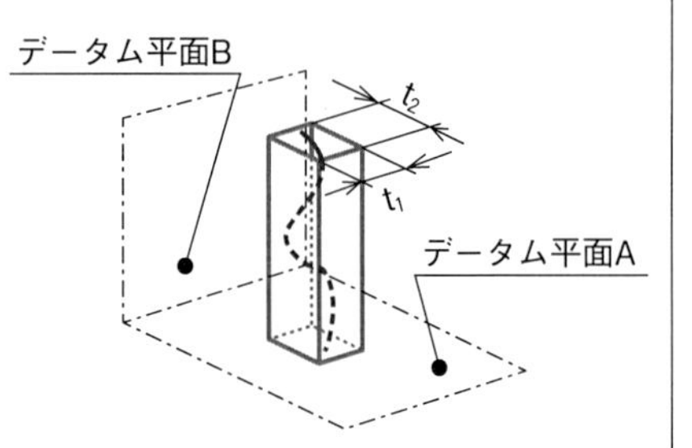 公差域は、データム平面Aに直角で、データム平面Bに直交方向が t_1 で、平行方向に t_2 の直方体によって規制される。
共通公差域を用いた直角度 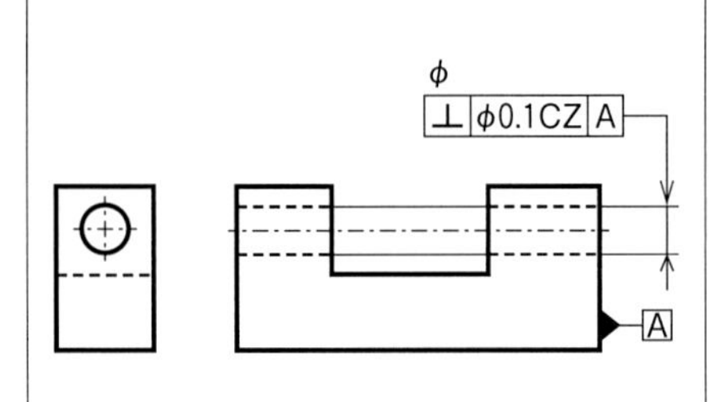 測定した軸線は、データム平面Aに直角なφ0.1の円筒の中になければならない。なお、CZの指示があるため、公差域の円筒は同一の軸直線上に存在する。	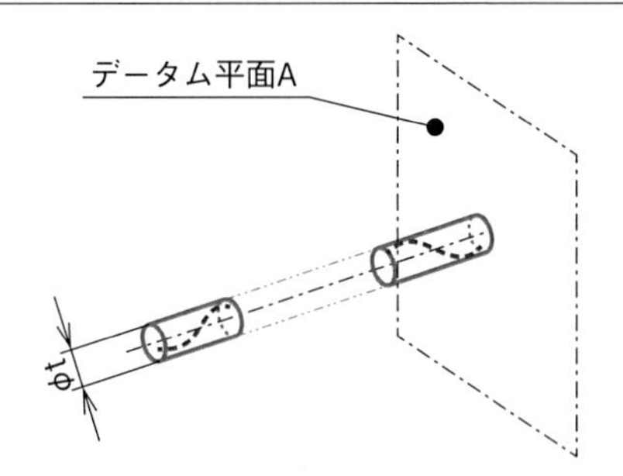 公差域は、データム平面Aに直角な、φtの円筒によって規制される。なお、CZの指示があるため2つの円筒公差域は同軸の関係にある。

3.6.2　平行度

記号：//

平行度とは、データム直線またはデータム平面に対して平行な幾何学的直線または幾何学的平面からの平行であるべき直線形体または平面形体の狂いの大きさをいう（JIS B 0621）

主な図示方法と解釈

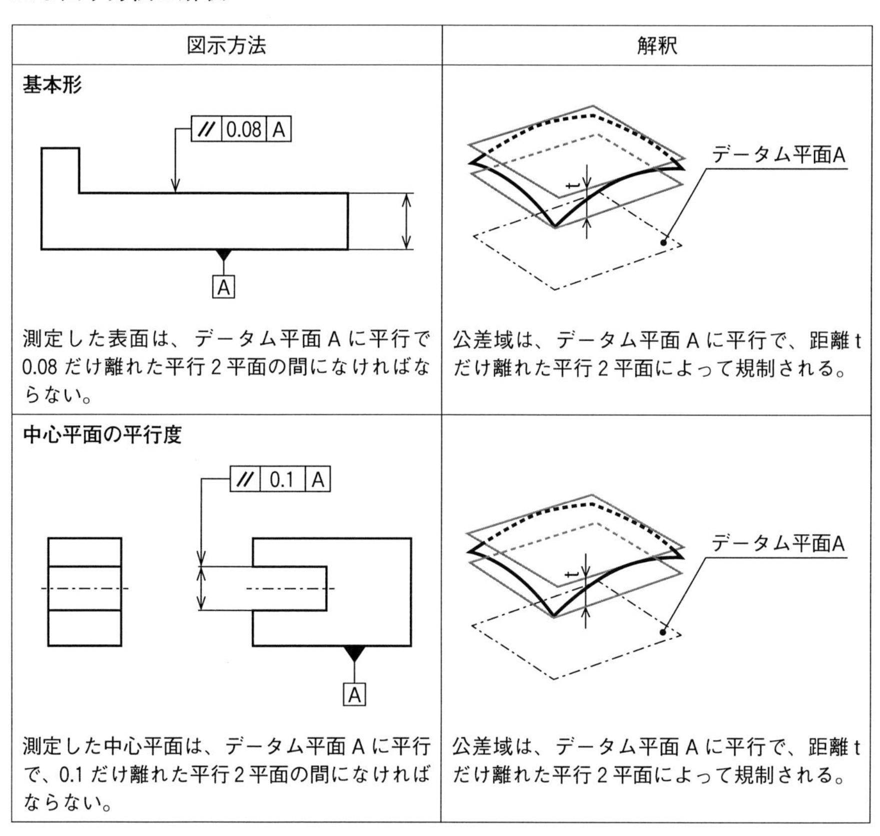

図示方法	解釈
基本形 // 0.08 A A 測定した表面は、データム平面 A に平行で 0.08 だけ離れた平行 2 平面の間になければならない。	データム平面A t 公差域は、データム平面 A に平行で、距離 t だけ離れた平行 2 平面によって規制される。
中心平面の平行度 // 0.1 A A 測定した中心平面は、データム平面 A に平行で、0.1 だけ離れた平行 2 平面の間になければならない。	データム平面A t 公差域は、データム平面 A に平行で、距離 t だけ離れた平行 2 平面によって規制される。

図示方法	解釈
方向を定めない平行度（共通公差域） 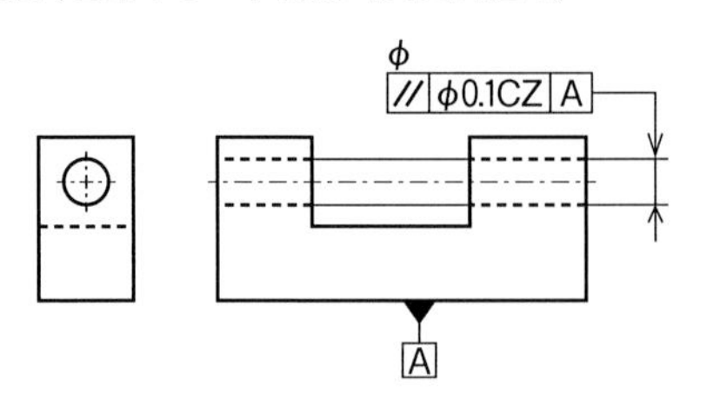 両穴の測定した軸線は、データム平面Aに平行な、φ0.1の円筒の中になければならない。なお、CZの指示があるため、公差域の円筒は同一の軸直線上に存在する。	公差域は、データム平面Aに平行なφtの円筒によって規制される。なお、CZの指示があるため、2つの円筒公差域は同軸の関係にある。
データム軸直線に関連した軸線の平行度 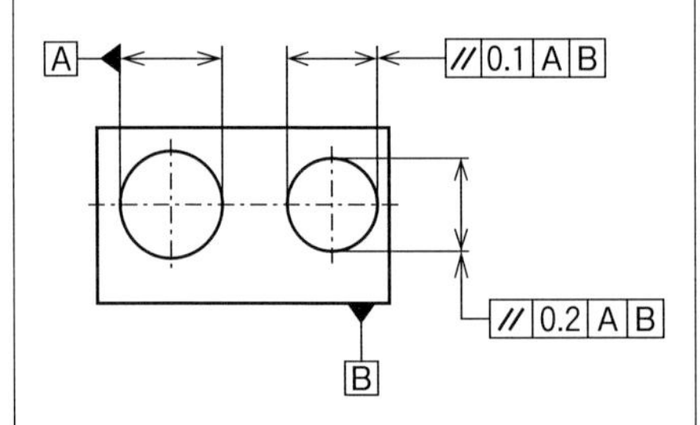 右側の穴の測定した軸線は、データム軸直線Aに平行でデータム平面Bの直角方向に0.1、データム平面Bに平行方向に0.2の直方体の中に入っていなければならない。	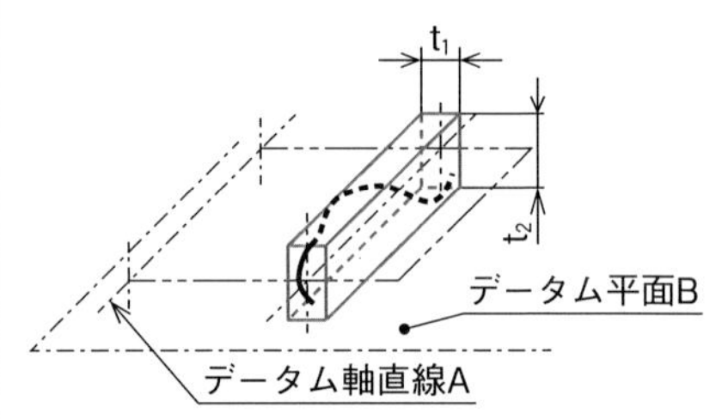 公差域は、データム軸直線Aに平行でデータム平面Bの直角方向にt_1、データム平面Bに平行方向にt_2の直方体によって規制される。

3.6.3 傾斜度

記号：∠

傾斜度とは、データム直線またはデータム平面に対して理論的に正確な角度をもつ幾何学的直線または幾何学的平面からの理論的に正確な角度を持つべき直線形体および平面形体の狂いの大きさをいう（JIS B 0621）

主な図示方法と解釈

図示方法	解釈
基本形 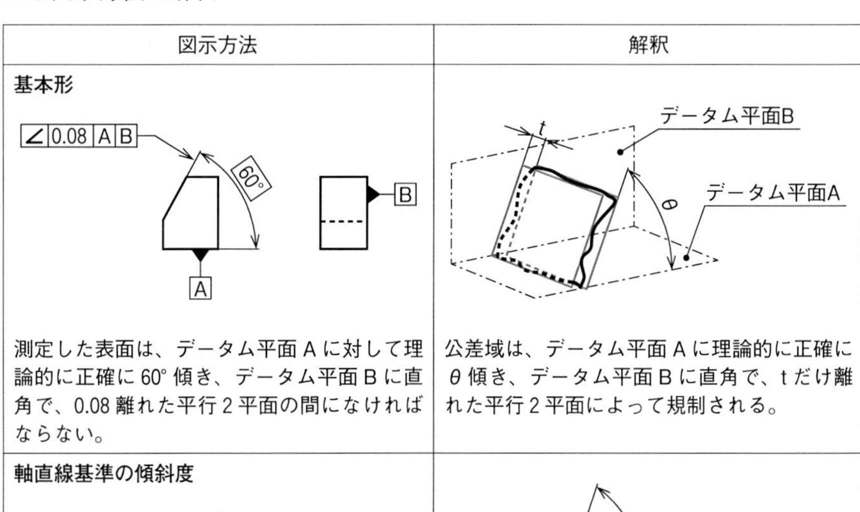 測定した表面は、データム平面 A に対して理論的に正確に 60° 傾き、データム平面 B に直角で、0.08 離れた平行 2 平面の間になければならない。	公差域は、データム平面 A に理論的に正確に θ 傾き、データム平面 B に直角で、t だけ離れた平行 2 平面によって規制される。
軸直線基準の傾斜度 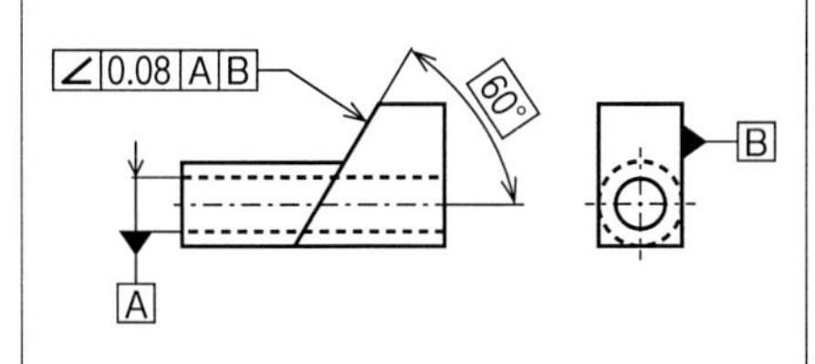 測定した表面は、データム軸直線 A に対して理論的に正確に 60° 傾き、データム平面 B に直角で、0.08 離れた平行 2 平面の間になければならない。	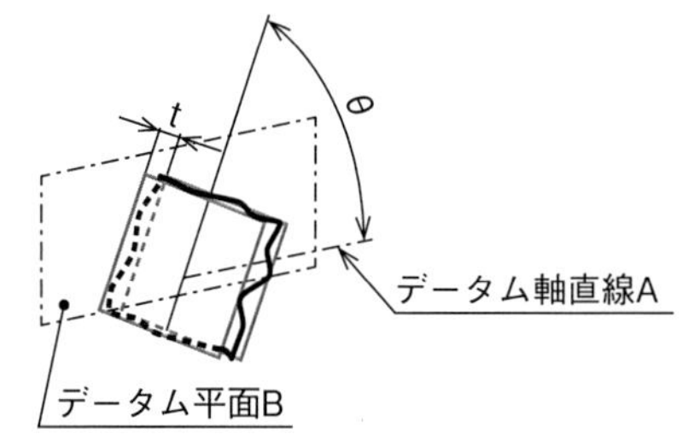 公差域は、データム軸直線 A に理論的に正確に θ 傾き、データム平面 B に直角で、t だけ離れた平行 2 平面によって規制される。

図示方法	解釈
方向を定めない傾斜度 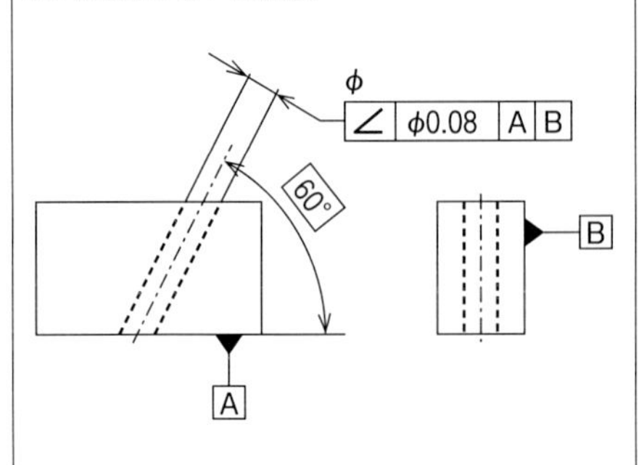 測定した軸線はデータム平面 A に対して理論的に正確に 60° 傾き、データム平面 B に平行な ϕ0.08 の円筒の中になければならない。	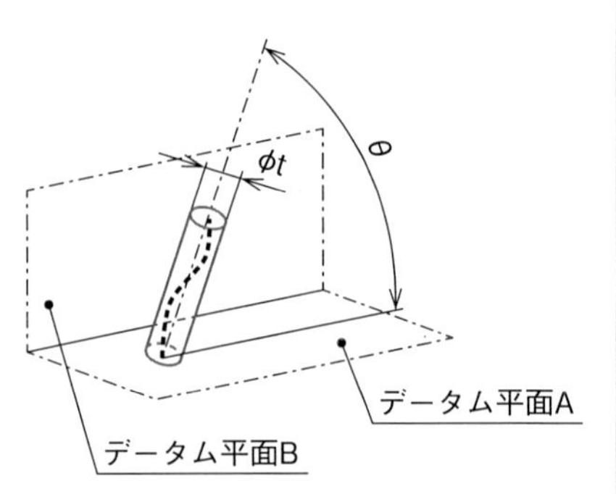 公差域はデータム平面 A に理論的に正確に θ° 傾き、データム平面 B に平行な ϕt の円筒によって規制される。
共通データムを使った傾斜度 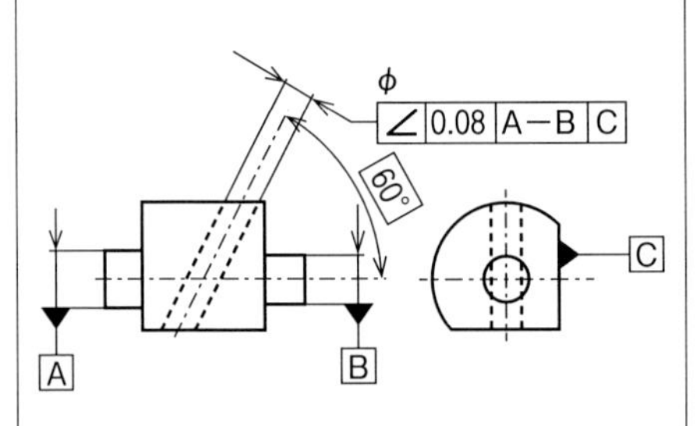 測定した軸線は、共通データム軸直線 A–B から 60° 傾き、かつデータム平面 C に直角で、0.08 離れた平行 2 平面の間になければならない。	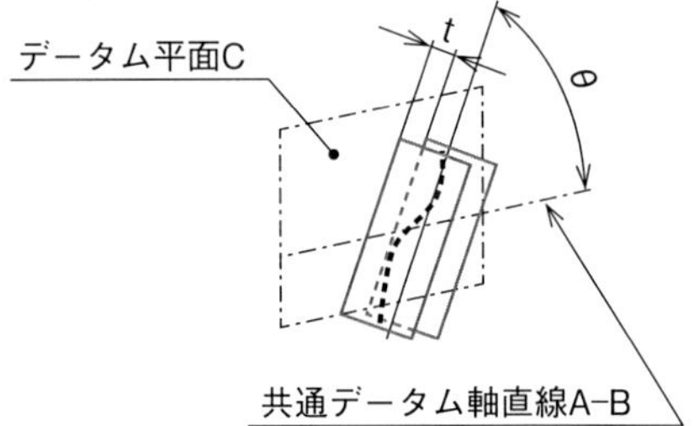 公差域は、共通データム軸直線 A–B に理論的に正確に θ° 傾き、データム平面 C に直角で、t だけ離れた平行 2 平面によって規制される。

Check! 傾斜度の第２次データムの意味

姿勢公差の傾斜度には同じ姿勢公差の直角度・平行度との違いが２点ある。

違い１ 傾斜斜角を示す角度を理論的に正確な角度として□で囲うこと（**図 3-43**）。

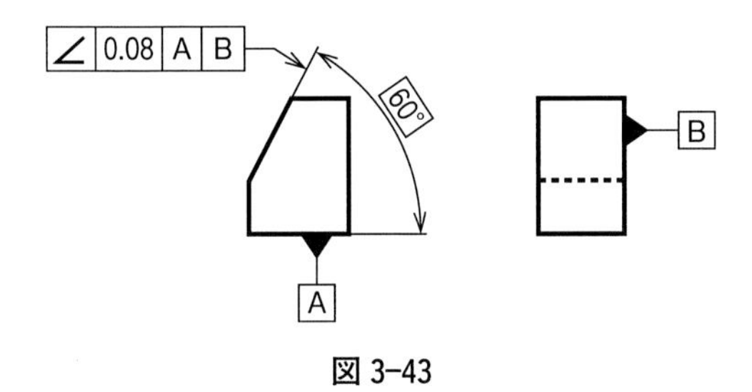

図 3-43

違い２ 公差域の方向を示す第２次データムがほとんどの場合必要となる（**図 3-44**）。

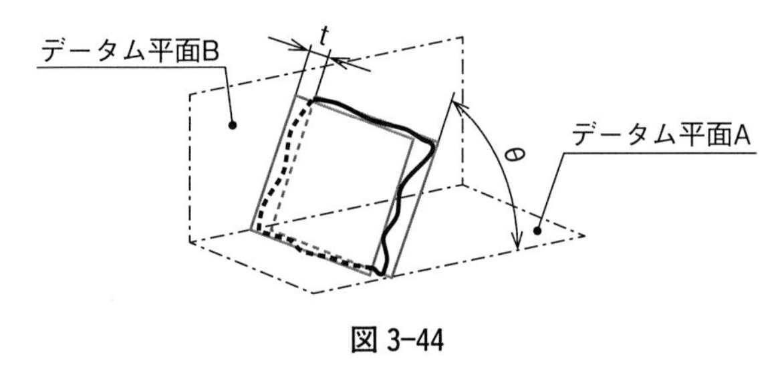

図 3-44

【解説】

違い１ については、データムに関連して直角度の場合は 90°、平行度の場合は 0° であるため、特に指示しない。**違い２** については**図 3-45** を見てほしい。

図 3-45 には第２次データム平面 B がない。するとデータム平面 A に θ° 傾斜した面は、回転する自由度が残っているため、図面通りに作られないことがある。

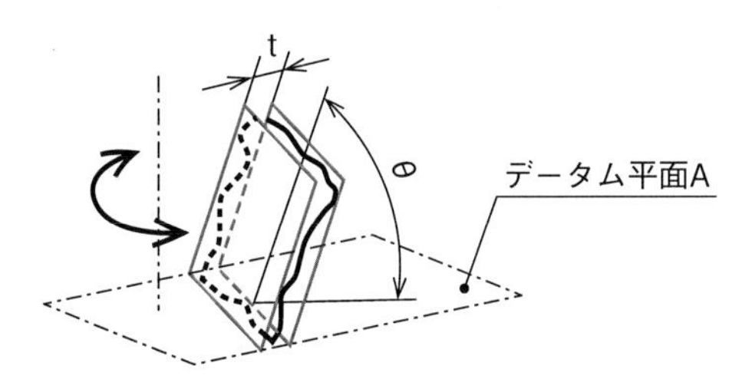

図 3-45　公差域に第２次データムが指示されていない場合

そこで、第２次データム平面Ｂに直角に入り込む公差域を設定することで一義性を確保している。この第２次データムは公差域の方向を示すデータムとなっている。図 3-44 では第２次データム平面Ｂに対して直角になっているが、直角か平行のどちらかにする。この第２次データムは傾斜度では必要となることがほとんどであるが、直角度・平行度においても必要な場合は設定する。

Check! 角度における幾何公差とサイズ公差の違い

傾斜度は、その定義から理論的に正確な角度の表記が必要だが、公差域は角度ではなく距離で規制される点に注目してほしい。サイズ公差の公差域は角度で規制されている。

この両者の違いは、サイズ公差の公差域は末広がりになっているのに対し、幾何公差の公差域はどこまでも一定であることだ。**図 3-46 (a)** に示されているように、サイズ公差の場合は傾斜の起点から遠くなればなるほど狙いの傾斜面の形状に対しての狂いが大きくなってしまう。一方、**図 3-46 (b)** に示すように、幾何公差の傾斜度の場合は、理論的に正確な角度にある形体からの狂いの大きさを距離で規制しているため、起点からどれだけ離れても公差域は一定になる。

逆に両者の共通点としては、サイズ公差のほうの角度も傾斜度の理論的に正確な角度も、どれだけ傾斜しているかだけを指示しており、傾斜面の位置については何も指示していない。

傾斜面の位置を指示する場合は、位置公差の面の輪郭度（3.7.5 項参照）で指示をする。

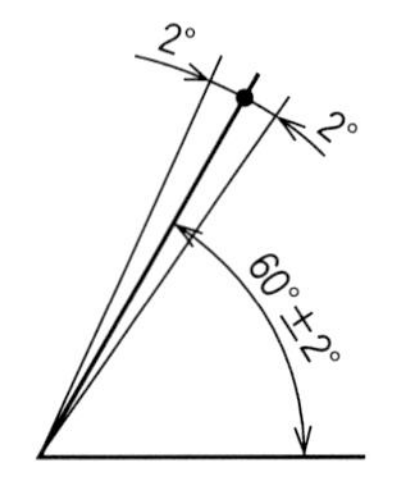

(a) 角度のサイズ公差

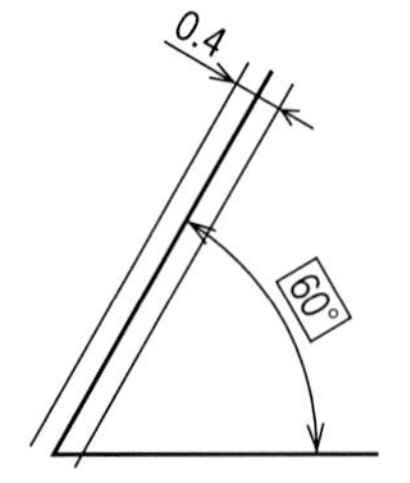

(b) 傾斜度の公差域

※図中の公差値は例示

図 3-46　角度におけるサイズ公差と幾何公差の公差域

3.7 位置公差

位置公差は、形状公差・姿勢公差では規制できないデータムに対しての、形体の位置を規制することができる。幾何公差の中でも一番使用頻度が高く、その中でも位置度・輪郭度が最も幾何公差の効果をもたらすものなので、有効に使ってほしい。

Check! 真位置度理論

位置公差（位置度、同軸度・同心度、対称度、線と面の輪郭度）には真位置度理論が適用される。ここでは、穴の位置度の事例で紹介する。

簡単に言うと**真位置度理論の真位置とは TED（理論的に正確な寸法）のことで、データムから TED だけ離れた位置（点、直線、平面）を中心に公差域が設定される**ことになる。

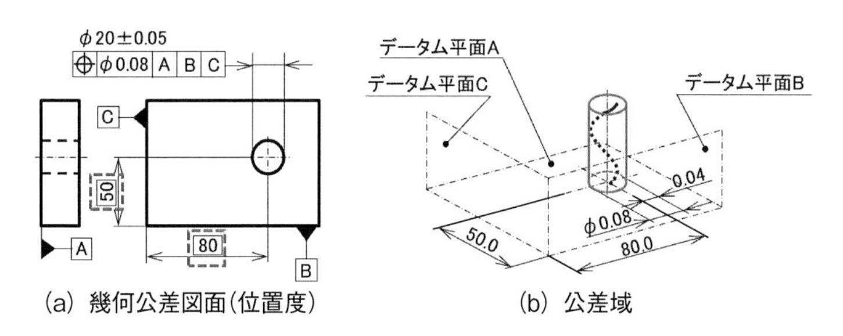

(a) 幾何公差図面（位置度）　(b) 公差域

図 3-47　真位置度理論

図 3-47 (a) の**公差記入枠が公差域の設定方法を正確に指示**している。この幾何公差は位置度で、穴の軸線をデータムからの位置で規制している。それでは、公差域がどうなるか見ていこう。

最初は第 1 次データム平面 A である。図 3-47 (a) ではデータム平面 A に関連する TED がない。この場合は TED は 0 とみなし、データム平面 A 上（特に指示がない限り直角な）に公差域が始まることを意味する。

次は第 2 次データム平面 B（データム 3 平面は理論的に正確に直交）から TED50 だけ離れ、また第 3 次データム平面 C から TED80 だけ離れた位置を中心に**公差値の半分** 0.04 を半径とし、φ0.08 で高さは板厚となる**円筒の公差域**が設定される（**図 3-47 (b)**）。

3.7.1　位置度

記号：⌖

位置度とは、データムまたは他の形体に関連して定められた理論的に正確な位置からの点、直線形体または平面形体の狂いの大きさをいう（JIS B 0621）

主な図示方法と解釈

<table>
<tr><th>図示方法</th><th>解釈</th></tr>
<tr>
<td>
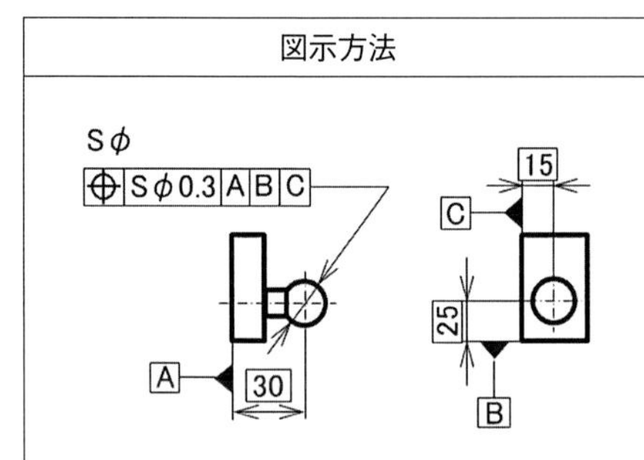

球の測定した中心点は直径 0.3 の球の中になければならない。その球の中心は、データム平面 A、B および C に関して理論的に正確な寸法の位置になる。
</td>
<td>
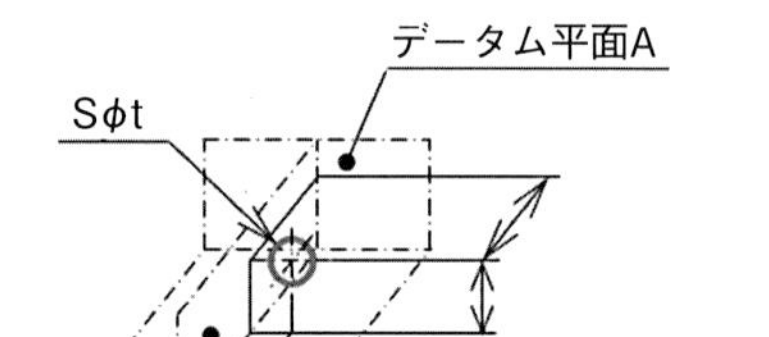

公差値に記号 Sφ が付けられた場合には、公差域は直径 t の球によって規制される。球の中心は、データム平面 A、B および C に関して理論的に正確な寸法によって位置付けられる。
</td>
</tr>
<tr>
<td>
データム平面に関連した直角 2 方向の軸線の位置度
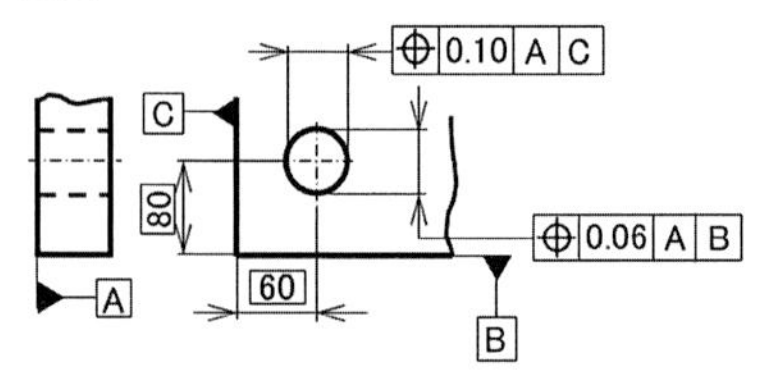

穴の測定した軸線は、データム平面 A に直角であり、データム平面 B から理論的に正確に 80 だけ離れた位置においてデータム平面 B に平行で対称に配置された 0.06 の間隔を持ち、かつデータム平面 C から理論的に正確に 60 だけ離れた位置においてデータム平面 C に平行で対称に配置された 0.10 の間隔を持つ 2 対の平行 2 平面の間になければならない。
</td>
<td>
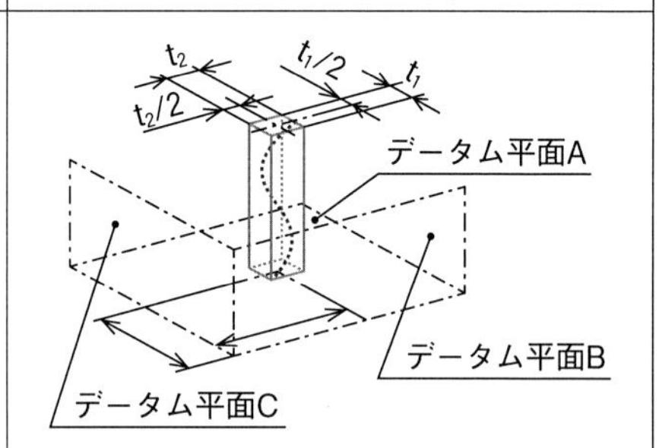

公差域は指示された位置に関して、データム平面 B に平行な方向に t_1、またデータム平面 C に平行な方向に t_2 だけ離れ、その軸線に関して対称な 2 対の平行 2 平面によって規制される。その位置はそれぞれデータム A、B および C に関して理論的に正確な寸法によって位置付けられる。
</td>
</tr>
</table>

図示方法	解釈
データム平面に関連した方向を定めない軸線の位置度 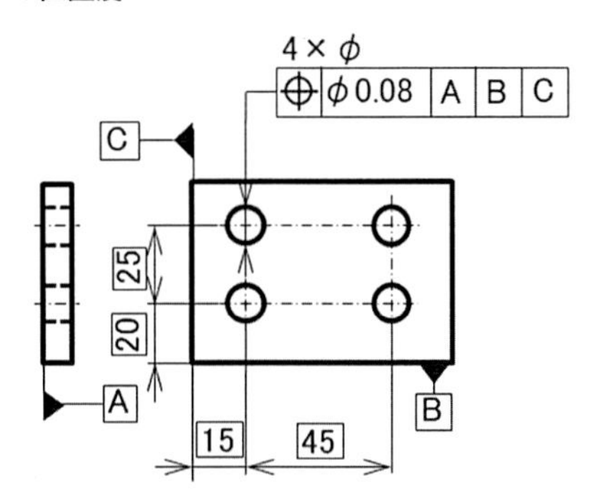 個々の穴の測定した軸線はデータム平面 A に直角で、データム平面 B および C に関して、理論的に正確な位置にある φ0.08 の円筒の中になければならない。	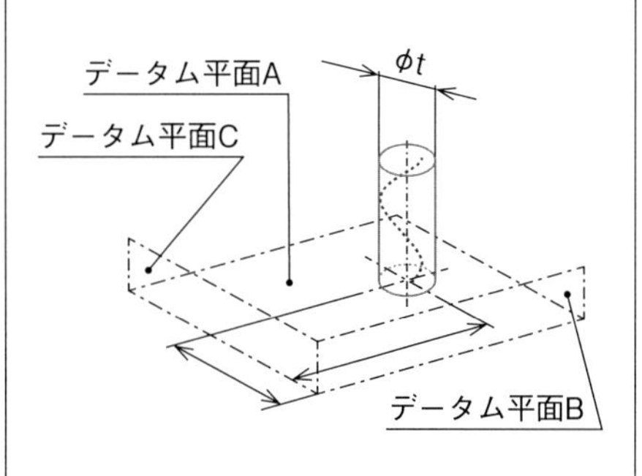 公差値に記号 φ が付けられた場合には、公差域は φt の円筒によって規制される。その軸直線はデータム平面 A に直角で、データム B および C に関して理論的に正確な寸法によって位置付けられる。
データム平面、軸直線に関連した方向を定めない軸線の位置度 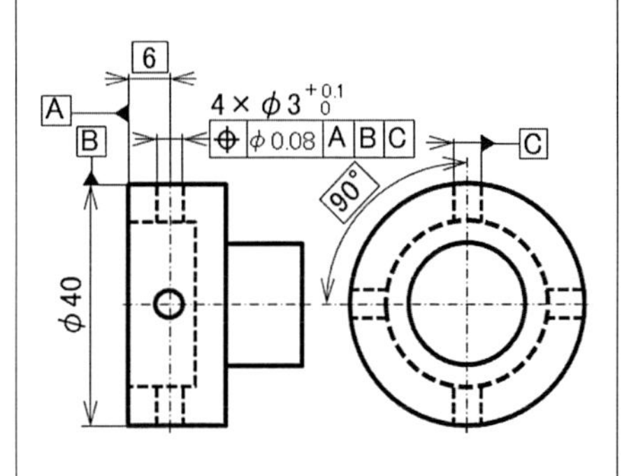 測定した 4 か所の φ3 の軸線は、その穴の軸線がデータム平面 A から理論的に正確な寸法 6 の位置で、データム軸直線 B に直角で円周を正確に 90° 分割した方向にある φ0.08 の円筒の中になければならない。 ※この図の場合、第 3 次データム C は必須ではない	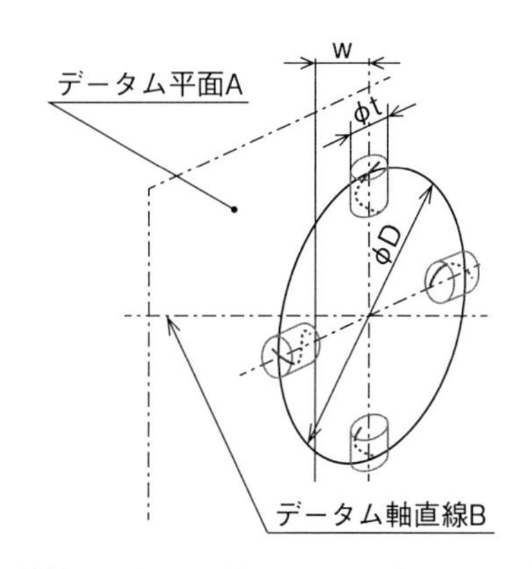 公差値に記号 φ が付けられた場合には、公差域は φt の円筒によって規制される。その軸線はデータム A、B、C に関して理論的に正確な寸法によって位置付けられる。

図示方法	解釈
データム平面に関連した複合位置度公差 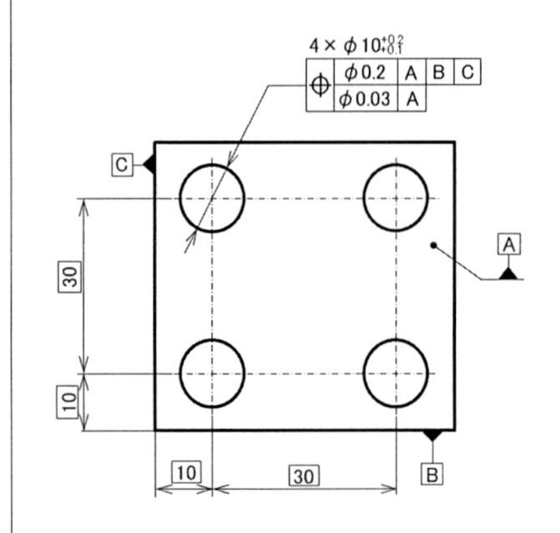 	左の図は、4本の位置決めピンを持つデバイス（Device）を位置決めする取付板と想定する。 位置決めする機能から、4つの穴の相互の位置度公差が厳しく、データムB・Cに関連する全体のグループとしての位置度公差は少し緩い場合に有効な方式である。 4つの穴について測定した軸線はデータム平面Aに直角で、相互の距離は指示された理論的に正確な位置にあるφ0.03の円筒に入っていなければならない。このように、第1次データムだけの場合は穴の中心距離を規制することができる。 さらに、4つの穴で構成される形体グループのそれぞれの軸線はφ0.2の円筒内に入っていなければならない。この公差域は、データム平面Aに直角で、データム平面BおよびCから理論的に正確な寸法で指示された位置に配置される。

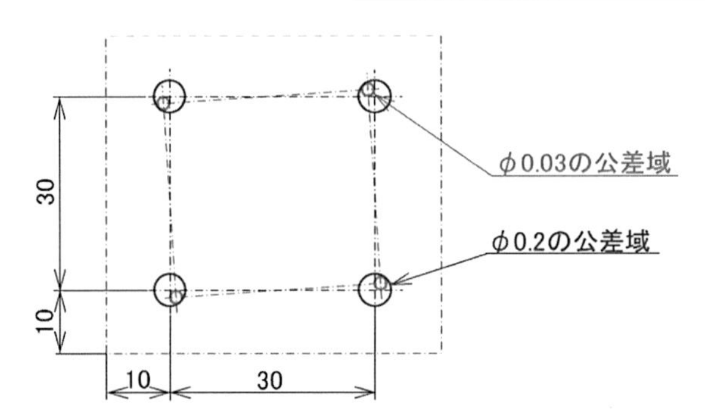

複合位置度公差の公差記入枠は2段書きになるが、記号は1段書きとし、公差が小さいほうが下段になるように記入する。

3.7.2 同軸度・同心度

記号：◎

同軸度

同軸度とは、データム軸直線と同一直線上にあるべき軸線のデータム軸直線からの狂いの大きさをいう（JIS B 0621）

同心度

平面図形の場合には、データム円の中心に対する他の円形形体の中心の位置の狂いの大きさを同心度という（JIS B 0621）

主な図示方法と解釈

図示方法	解釈
データム点に関連した点の同心度 X A X ◎ φ0.1 A ACS データム軸直線 A に直角な任意断面（X–X）において、内側の穴の測定した円の中心は、データム点 A に同心の φ0.1 の円の中になければならない。 注）ACS は Any Cross Section の略称	φt データム点A 公差域に記号「φ」が付けられた場合には、公差域は φt の円によって規制される。円形公差域の中心はデータム点 A となる。
データム軸直線に関連した軸線の同軸度 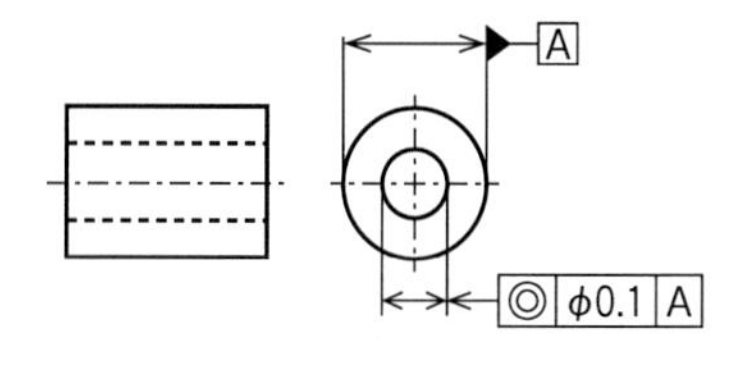 内側の円筒の測定した軸線は、データム A に同軸の φ0.1 の円筒の中になければならない。	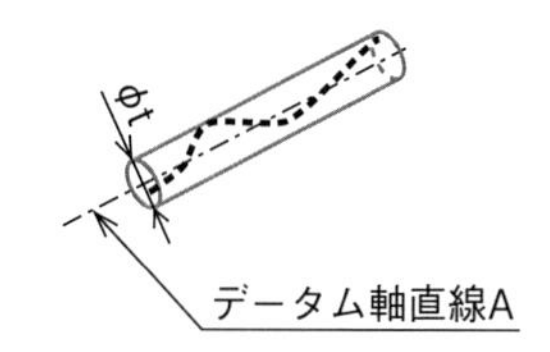 公差域に記号「φ」が付けられた場合には、公差域は φt の円筒によって規制される。円筒公差域の中心はデータム軸直線 A となる。

Check! 同軸度と同心度の区分け方法

同軸度と同心度は記号が同じである。よって図面を読む側は、表記方法によってどちらなのかを判別する。判別の方法は次の通りだ。

- 同心度を指示する場合は、前述の同心度の図例のように、幾何公差を断面図に対して指示し、公差記入枠の下に「ACS（各横断面という意味）」と記載する
- 薄い部材の穴（座金など）のように、測定機の端子が当てられないほど薄く、中心軸を定義できないのが明らかな場合は、ACSの記載がなくとも同心度となる

上記２つの条件に該当しない場合は同軸度として扱う。

同軸度と同心度とは記号（◎）は同じだけれど、どう見分ければいいのかな？

まずは「ACS」に注目しよう！

3.7.3 対称度

記号：⌯

対称度とは、データム軸直線またはデータム中心平面に関して、互いに対称であるべき形体の対称位置からの狂いの大きさをいう（JIS B 0621）

主な図示方法と解釈

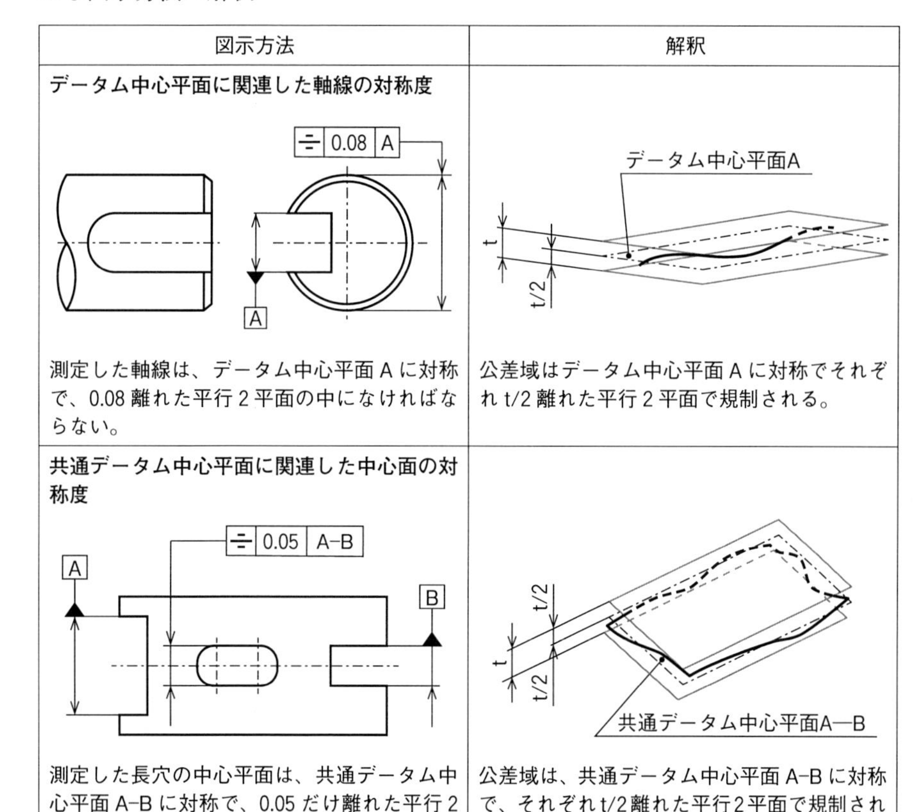

図示方法	解釈
データム中心平面に関連した軸線の対称度	
測定した軸線は、データム中心平面 A に対称で、0.08 離れた平行 2 平面の中になければならない。	公差域はデータム中心平面 A に対称でそれぞれ t/2 離れた平行 2 平面で規制される。
共通データム中心平面に関連した中心面の対称度	
測定した長穴の中心平面は、共通データム中心平面 A–B に対称で、0.05 だけ離れた平行 2 平面の中になければならない。	公差域は、共通データム中心平面 A–B に対称で、それぞれ t/2 離れた平行 2 平面で規制される。

3.7.4　線の輪郭度

記号：⌒

線の輪郭度とは、理論的に正確な寸法によって定められた幾何学的に正しい輪郭からの線の輪郭の狂いの大きさをいう（JIS B 0621）

主な図示方法と解釈

図示方法	解釈
データム平面に関連した線の輪郭度 指示された方向における投影面に平行な各断面において、測定した輪郭線は、データム平面Aおよびデータム平面Bに関連して理論的に正確な輪郭線上に中心を持つφ0.2の円によって形成される2つの包絡線の間になければならない。	公差域は、φtの円の2つの包絡線によって規制され、それらの円の中心はデータム平面Aおよびデータム平面Bに関連して理論的に正確な形状を持つ線上に位置する。
データム平面に関連した線の輪郭度 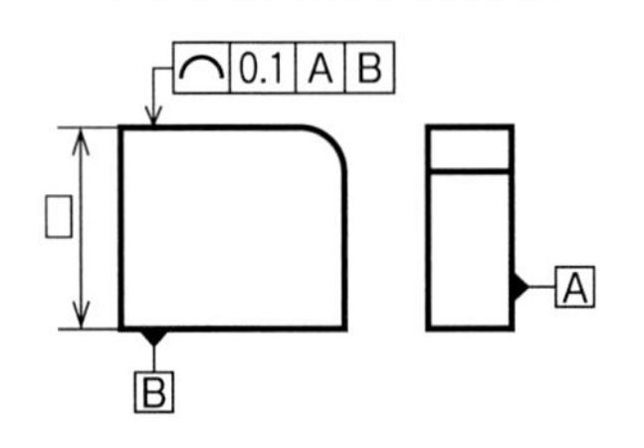 指示された方向における投影面に平行な各断面において、測定した輪郭線は、データム平面Aおよびデータム平面Bに関連して理論的に正確な輪郭線上に中心を持つφ0.1の円によって形成される2つの包絡線の間になければならない。	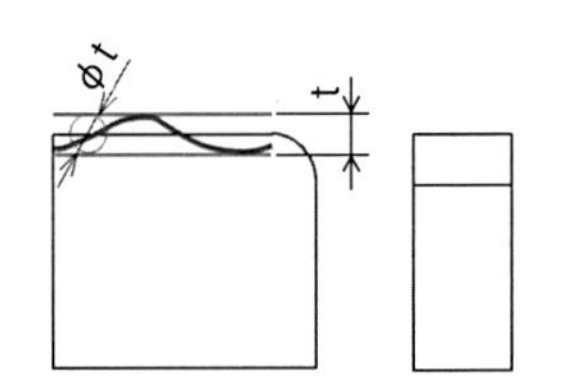 公差域は、φtの円の2つの包絡線によって規制され、それらの円の中心はデータム平面Aおよびデータム平面Bに関連して理論的に正確な形状を持つ線上に位置する。

図示方法	解釈
データム平面、軸直線（グループデータム）に関連した線の輪郭度 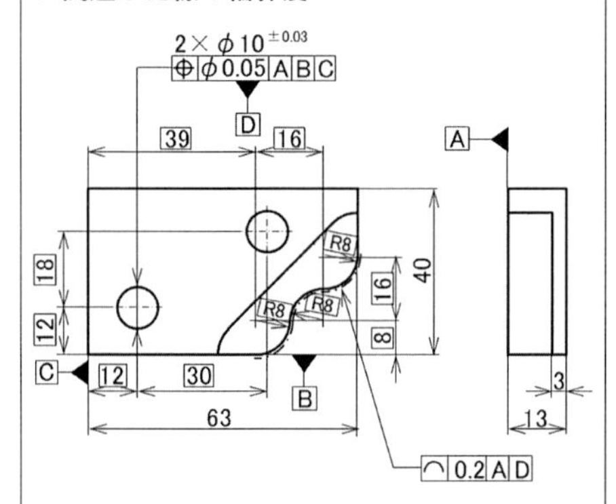 指示された方向における投影面に平行な各断面において、測定した輪郭線は、データム平面Aおよびグループデータム D に関連して理論的に正確な輪郭線上に中心を持つ φ0.2 の円によって形成される 2 つの包絡線の間になければならない。このグループデータム D は基準となる 2 つの φ10 の穴によって構成されている。	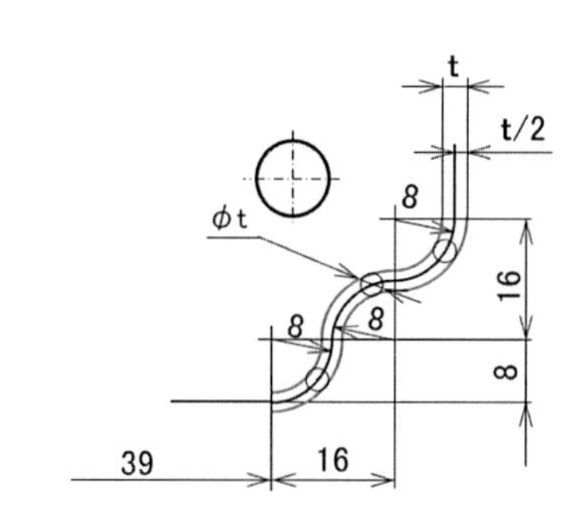 公差域は、φt の円の 2 つの包絡線によって規制され、それらの円の中心はデータム平面Aおよびグループデータム D に関連して理論的に正確な輪郭線上に位置する。

3.7.5 面の輪郭度

記号：⌓

面の輪郭度とは、理論的に正確な寸法によって定められた幾何学的に正しい輪郭からの面の輪郭の狂いの大きさをいう（JIS B 0621）

主な図示方法と解釈

図示方法	解釈
データム平面に関連した面の輪郭度	
測定した表面は、データム平面Aに関連して理論的に正確な輪郭面上に中心を持つ Sϕ0.1 の球によって形成される2つの包絡面の間になければならない。	公差域は、Sϕt の各球によって形成される2つの包絡面によって規制され、各球の中心はデータム平面Aに関連して理論的に正確な形状を持つ輪郭面上に位置する。
データム軸直線に関連した曲面の輪郭度	
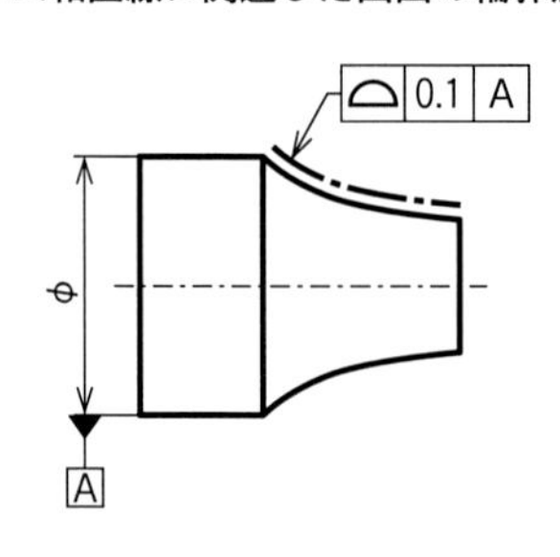	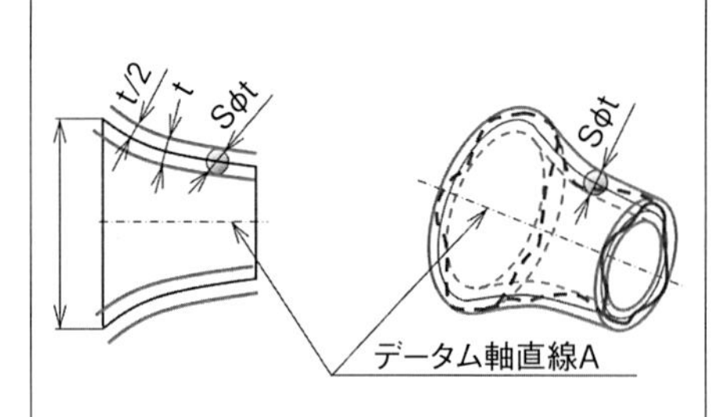
測定した表面は、データム軸直線Aに関連して別に指示した理論的に正確な輪郭面上に中心を持つ Sϕ0.1 の各球の2つの包絡面の間になければならない。	公差域は、理論的に正確な輪郭面上に中心を持つ Sϕt の各球の2つの包絡面によって規制される。

<table>
<tr><th>図示方法</th><th>解釈</th></tr>
<tr><td>

サイズ公差に近い指示

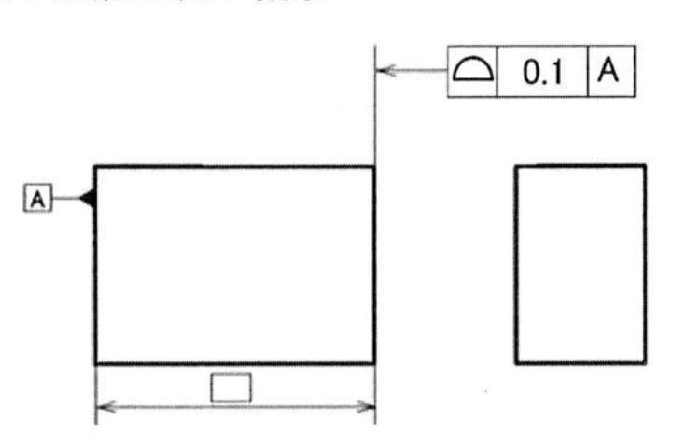

測定した表面は、データム平面 A から理論的に正確な寸法離れた位置を中心に均等に 0.1 離れた平行 2 平面間になければならない。

</td><td>

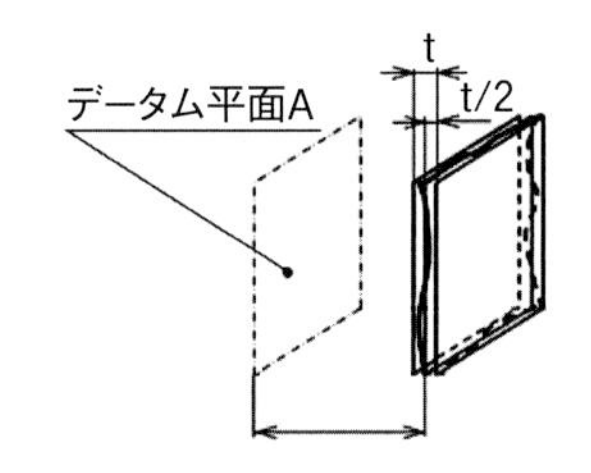

公差域はデータム平面 A から理論的に正確な寸法の位置を中心に t/2 ずつ離れた平行 2 平面によって規制される。

</td></tr>
<tr><td>

データム平面に関連した複合輪郭度公差

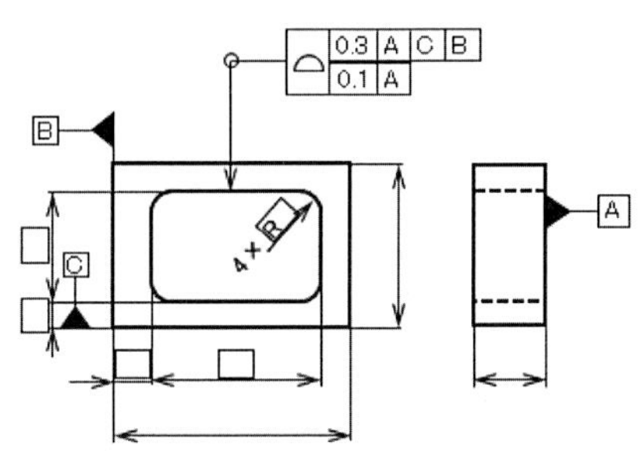

測定した輪郭面は、データム平面 A に関連して理論的に正確な輪郭面に中心を持つ Sϕ0.1 の各球の 2 つの包絡面の間になければならない。さらにデータム平面 A、B、C に関連して理論的に正確な輪郭面に中心を持つ Sϕ0.3 の各球の 2 つの包絡面の間になければならない。有用な使い方だが、この表記は JIS には存在しないため、指示する場合は「ASME Y14.5M 適用」と注記することを推奨する。

</td><td>

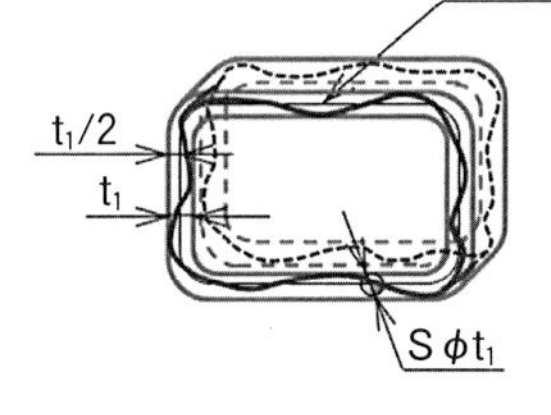

公差域は、理論的に正確な形状の輪郭面に中心を持つ Sϕt_1 の各球の 2 つの包絡面で規制される。

さらに公差域は、データム平面 A・B・C に関連した理論的に正確な形状の輪郭面を中心に持つ Sϕt_2 の各球の 2 つの包絡面で規制される。意図としては、公差指示の 1 段目（t_2）は品物全体に対する角穴の位置を、2 段目（t_1）は角穴そのものの正確さを規制している。

</td></tr>
</table>

線および面の輪郭度は形状公差と位置公差の両方に設定されている。この違いは、データムに関連するかどうかであり、設計者の意図する輪郭の規制に加え、位置公差の輪郭度は位置も規制することになる。

3.8 振れ公差

3.8.1 円周振れ

記号：↗

円周振れとは、データム軸直線を軸とする回転面を持つべき対象物またはデータム軸直線に対して垂直な円形平面であるべき対象物をデータム軸直線の周りに回転したとき、その表面が指定した位置または任意の位置で指定した方向に変位する大きさをいう（JIS B 0621）

主な図示方法と解釈

図示方法	解釈
共通データム軸直線に関連した半径方向の円周振れ 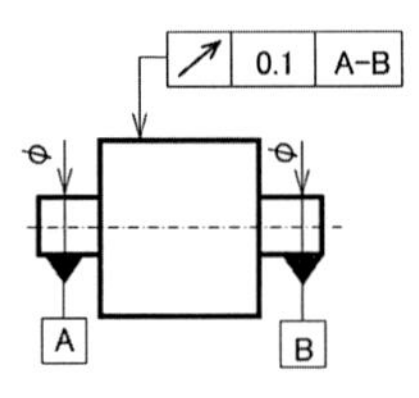 任意の箇所で半径方向に測定した円周振れは、半径が 0.1 だけ離れ、共通データム軸直線 A–B に一致する同軸の 2 つの円内になければならない。	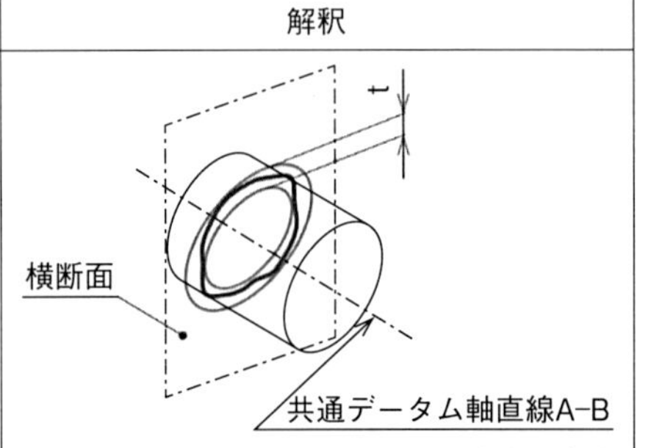 公差域は、共通データム軸直線に直角な任意の横断面内において、半径が t だけ離れ、共通データム軸直線に一致する同軸の 2 つの円内に規制される。
データム軸直線に関連した軸方向の円周振れ 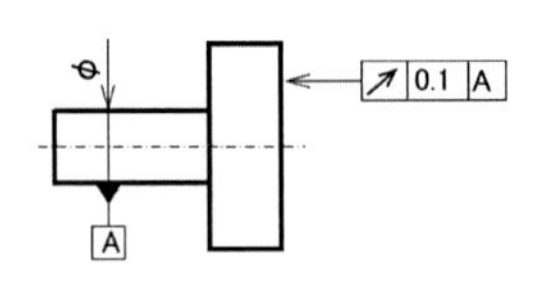 任意の箇所で軸方向の測定した円周振れは、データム軸直線 A に一致する円筒軸に直角で 0.1 離れた、2 つの円形平行平面の間になければならない。	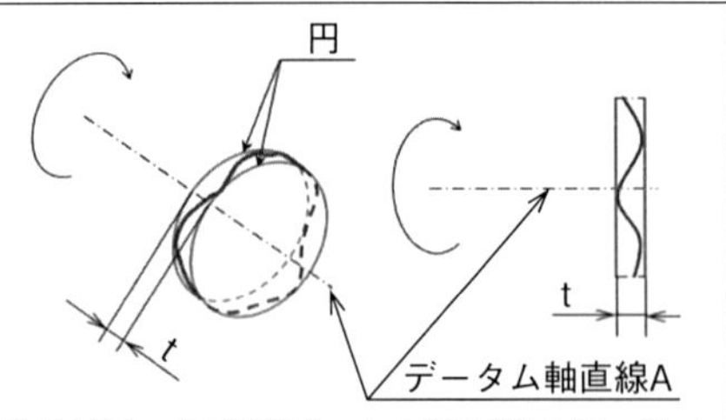 公差域は、軸線がデータム軸直線 A に一致する円筒軸に直角で、t だけ離れた 2 つの円によって規制される。 ※円の半径は任意だが 2 つとも同じ径

図示方法	解釈
一部分の半径方向の円周振れ 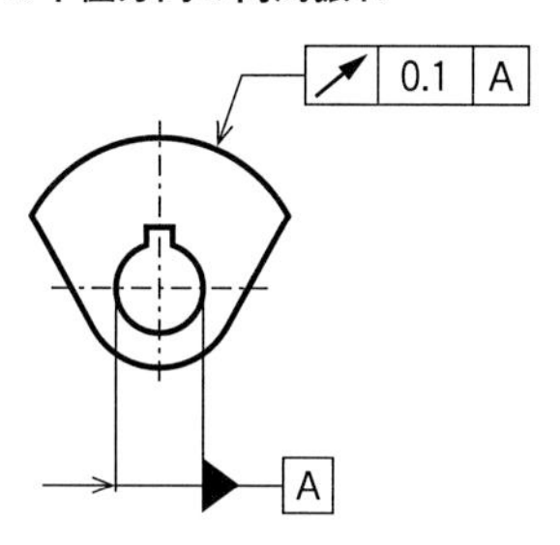 半径方向の測定した円周振れは、データム軸直線Aを軸に回転させる間に、任意の横断面において0.1以下でなければならない。	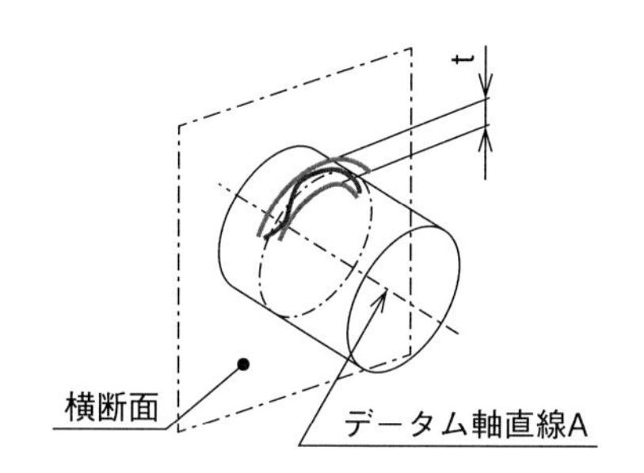 公差域は、半径方向でtだけ離れ、データム軸直線Aに直交する横断面上の2つの円（一部分）によって規制される。
データム軸直線に関連した曲面の円周振れ 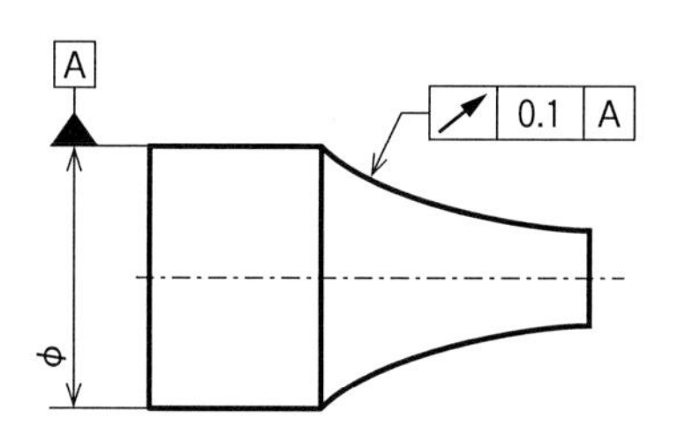 法線方向の測定した円周振れは、データム軸直線Aを軸に1回転させる間に、データム軸直線Aに直交する任意の横断面において0.1以下でなければならない。	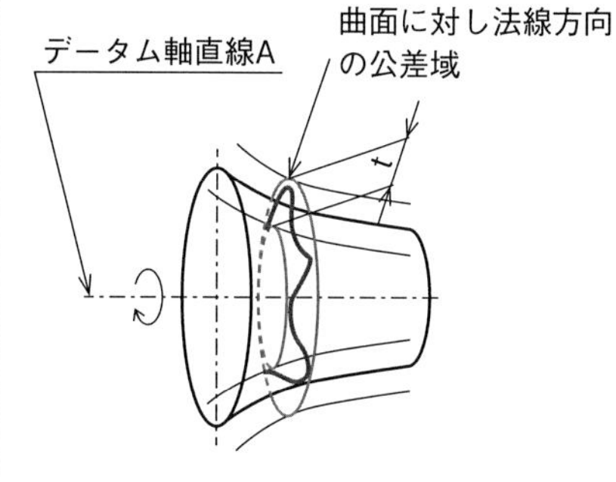 公差域は、法線方向でtだけ離れ、データム軸直線Aに直交する任意の横断面上の2つの円によって規制される。なお、2つの円の中心点はデータム軸直線Aに一致する。

3.8.2　全振れ

記号：⌰

全振れとは、データム軸直線を軸とする円筒面を持つべき対象物またはデータム軸直線に対して垂直な円形平面であるべき対象物をデータム軸直線の周りに回転したとき、その表面が指定した方向に変位する大きさをいう（JIS B 0621）

主な図示方法と解釈

図示方法	解釈
共通データム軸直線に関連した半径方向の全振れ 0.1　A–B A　B	共通データム軸直線A–B t
指示された半径方向に測定した全振れは、0.1の半径の差で、その軸線が共通データム軸直線A–Bに一致する同軸の2つの円筒の間になければならない。	公差域はtだけ離れ、その軸直線は共通データム軸直線A–Bに一致した2つの同軸円筒によって規制される。
データム軸直線に関連した軸方向の全振れ 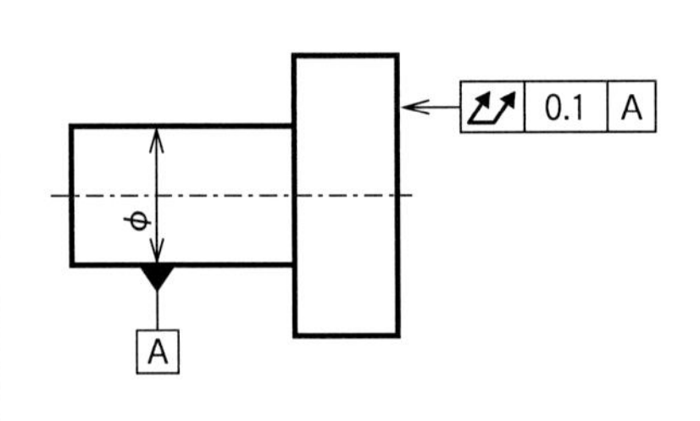	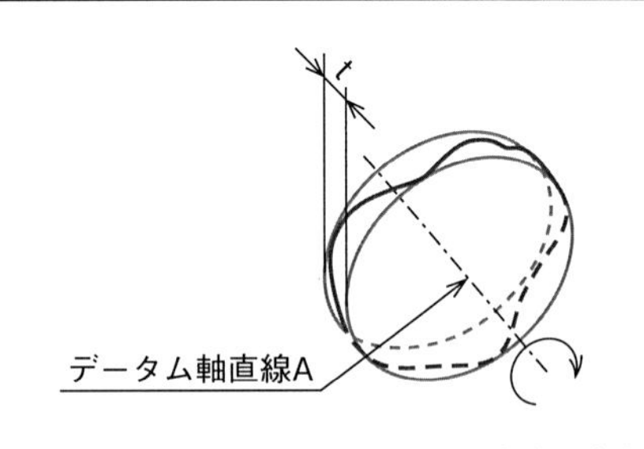
測定した表面は、データム軸直線Aに直角で、0.1だけ離れた平行2平面の間になければならない。	公差域は、tだけ離れ、データム軸直線に直角な平行2平面によって規制される。

第４章　ケーススタディで理解するGD&T（公差設計と幾何公差）の神髄

前章までで、公差設計と幾何公差の重要性、幾何公差の基本について説明してきたが、本章では、これまで説明してきた内容をこれから紹介するケーススタディによって、理解を深めていただきたい。

幾何公差は当然必要だが、真に競争力のある製品の開発には、公差設計と幾何公差の両輪で取り組む必要があり、これがまさにGD&Tである。

4.1 ケーススタディの概要

2016年3月にJIS B 0420が新たに制定され、幾何特性仕様（GPS）を適用した図面が出せなければ、日本は図面の鎖国状態になってしまうという警鐘が鳴らされた。JIS B 0420制定以降、「幾何公差の導入に向けた取り組みを始めなければならない！」と考える企業が相当増えてきたが、現状の図面をそのまま幾何公差化することは、不必要な幾何公差が増え、図面の受け手側に混乱を生じさせるだけでなく、その結果、品質・コスト・納期において、メリットどころか、デメリットが発生する可能性がある。したがって、幾何公差を運用するにあたり、大事なことは、その図面に描かれた製品は、どこを基準に、どこをどのように管理すべきか（＝設計者の意図）を明確にした上で、必要な幾何公差を用いて、設計意図を表現することである。そのためには、公差設計と幾何公差設計を両輪の如く実行できなければならない。これこそが、真のGD&Tである。

本章では、ヤマハ株式会社の小林雅彦氏が社内発表したGD&T導入に向けた取り組みの事例をケーススタディとして紹介する。まさに公差設計を行い、重要な部分を幾何公差で明確に表現することに取り組んだ事例である。このケーススタディの大きなステップは、次の通りである。

Step1 では、現行図面（今回のテーマは、“デジタルキーボードのホイールユニット”である）における公差計算を行い、その設計意図を把握した上で、新たな目標値を決定する。

Step2 では、新目標値の実現に向けた寸法、公差も含めた基本設計の見直しを行う。

Step3 では、さらなる改善の可能性を探る。

4.2 ヤマハ株式会社におけるGD&Tの取り組みの背景

まずは、ヤマハ株式会社が、なぜこのような取り組みを実施したかを、社員同士のやり取りをベースにお伝えする。読者の中には、同じようなことを日ごろから感じている方もいらっしゃるのではないだろうか。そのような方は、特にこのケーススタディを、自社での取り組みの参考としていただきたい。

4.2.1 公差設定の実態―最善の公差設定はできていたのか？

① 浮き彫りとなった問題点(1) 設計意図と設定した公差との乖離

ヤマハ株式会社社内でコンカレント開発がスタートした当初、開発初期から、精度の高い設計情報を関連部門へ提供するためにタイトな出図日程をキープしなければならず、現行製品の公差をそのまま使用したり、製造工程の要求に配慮した公差を適用したりするなど、設計意図との乖離が生じつつあった。このため、検図者から「この公差は、どうやって決めたのか？」と質問されても、論理的な説明が十分にできない設計者を目にするようになった。

② 浮き彫りとなった問題点(2) 公差計算の記録がない

公差計算の中身をレビューしようにも
ほとんどの人が記録を残していませんでした。

じゃあその記録としての**公差計算書**を作成して、
公差の妥当性を検証できるようにしよう。

**関連する部品点数が多ければ多いほど
公差計算書の必要性を痛感するはず。**

設計公差に起因する問題が発生しても、公差計算の記録（公差計算書）が残っていないために、原因分析や対策決定までに予想以上の時間や労力をかけることがあった。そこでまず、設計者が共用できる公差計算書の書式を作成し、主に、外観部における隙間、部品同士の嵌合部、可動部等の厳しい公差を要求される設計時に、この書式を用いて公差計算し、設計の記録として活用することにした。

公差計算書　記入例

公差計算書

製品名：
氏名：ヤマハ 太郎
年月日：2012/11/12
計算のポイント：上板と下板の隙間

説明図：
Z：隙間
要求：0.5mm～1.5mm
上板　中板　下板　H隙間　D隙間　Z　A　B　C　E　F　G　I

計算式：
A−B−D+C−E−F−H+G−I=Z

No.	項目	隙間選択	方向選択	中心寸法と公差			
A	端面から軸中心	隙間ではない	1	100	±	0.3	←公差を記入
B	軸半径	隙間ではない	-1	2.5	±	0.02	←公差を記入
C	穴半径	隙間ではない	1	2.55	±	0.02	←公差を記入
D	軸と穴の隙間	隙間	-1	0.05	±		←記入しない
E	軸から軸	隙間ではない	-1	45	±	0.1	←公差を記入
F	軸半径	隙間ではない	-1	3	±	0.03	←公差を記入
G	穴半径	隙間ではない	1	3.05	±	0.03	←公差を記入
H	軸と穴の隙間	隙間	-1	0.05	±		←記入しない
I	軸中心から端面	隙間ではない	-1	54	±	0.15	←公差を記入
J	黄色のセルに記入してください				±		←公差を記入
K					±		←公差を記入
L					±		←公差を記入
M					±		←公差を記入
N					±		←公差を記入
O					±		←公差を記入

判定 (Go) NG

設計の考え方：
MAX-MIN法を用いた場合、規格を満足することが出来ない。
しかし、RSS法を用いた場合、全ての部品寸法がCp=1で管理されていれば不良率は0%に近いため問題なし。

No.	計算結果					
	MAX-MIN計算			RSS計		
	寸法	公差		寸法	公差の2乗と隙間	
A	100	±	0.3	100	±	0.09
B	-2.5	±	0.02	-2.5	±	0.0004
C	2.55	±	0.02	2.55	±	0.0004
D	-0.05	±	0.05	-0.05	±	0.05
E	-45	±	0.1	-45	±	0.01
F	-3	±	0.03	-3	±	0.0009
G	3.05	±	0.03	3.05	±	0.0009
H	-0.05	±	0.05	-0.05	±	0.05
I	-54	±	0.15	-54	±	0.0225
J	0	±	0	0	±	0
K	0	±	0	0	±	0
L	0	±	0	0	±	0
M	0	±	0	0	±	0
N	0	±	0	0	±	0
O	0	±	0	0	±	0
計算結果	1	±	0.75	1	±	0.45
	上		1.75	上		1.45
	下		0.25	下		0.55

この公差計算書によって、経験の浅い設計者でも、関連する寸法要素を漏れなくリストアップできるようになり、検図者や他の設計者も、その公差の成り立ちを的確に把握できるようになった。

4.2.2　最善の公差設定を行うために

①　設計目標値を明確にする

根本的なことだけど
公差をいくつにするかは製品要求（目標値）が
最初にありきだよね？
そうだね。
例えば、ここの隙間は外観上、何ミリまでとか
目標値がないと設計できないはずだね。
旧製品で設定した公差に合わせて
目標値を設定しても、当時の製品要求や
製造要件と今回のそれが同等でなければ、
例え公差通りに製品が出来上がっても、
目標値を満足できる保証はないね。

現行製品の公差を使用して、結果として生産に問題がなかったとしても、製品要求や製造要件を満足する最善の設計ができたという確信が持てなかった。

②　「工程能力指数」を公差設計の目標値として定める

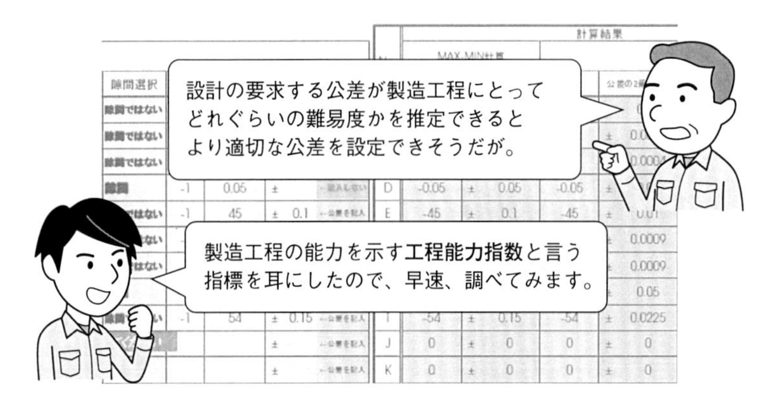

どれぐらいの難易度かを推定できると
より適切な公差を設定できそうだが。

指標を耳にしたので、早速、調べてみます。

当時、製造工程が管理指標の一つとしていた工程能力指数があり、これを基に、設計公差が製造工程の実力に対して適切かどうかを定量的に評価すれば、公差に起因する製品問題の発生を未然に防ぐことができるのではないかと考えた。

③　不良率と公差の関連性

その後、統計的手法によって、工程能力指数と公差から不良率を推定し、公差を最適化する方法を学び、これによって品質・コスト・生産性のバランスがとれた設計が可能であることを知った（不良率の算出方法は、141 ページを参照）。

工程能力指数（Cp）とは、
設計公差に対する製造工程での製造結果のばらつき度合い（分布）を示す指標である。

4.2.3 幾何公差の必要性

① 寸法公差による表現の限界

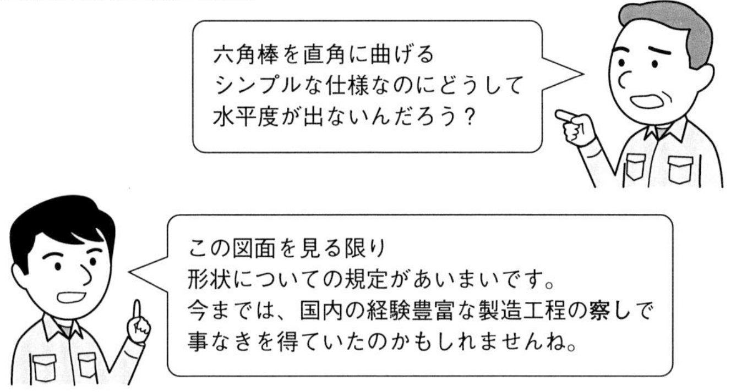

六角棒を直角に曲げる
シンプルな仕様なのにどうして
水平度が出ないんだろう？
この図面を見る限り
形状についての規定があいまいです。
今までは、国内の経験豊富な製造工程の察しで
事なきを得ていたのかもしれませんね。

金属棒の曲げ加工品（海外製）で水平度不足の問題が発生し、その設計図を確認したところ、反り・ねじれに関して、寸法公差の指示だけでは、異なる解釈が可能となることがわかった（イメージ図参照）。その後の調査の結果、この部品に限らず、経験豊富な国内メーカーの多くが、設計者との打合せ内容から、設計意図を察して事前に製造工程にフィードバックし、問題を回避していたことに気づいた。

イメージ図

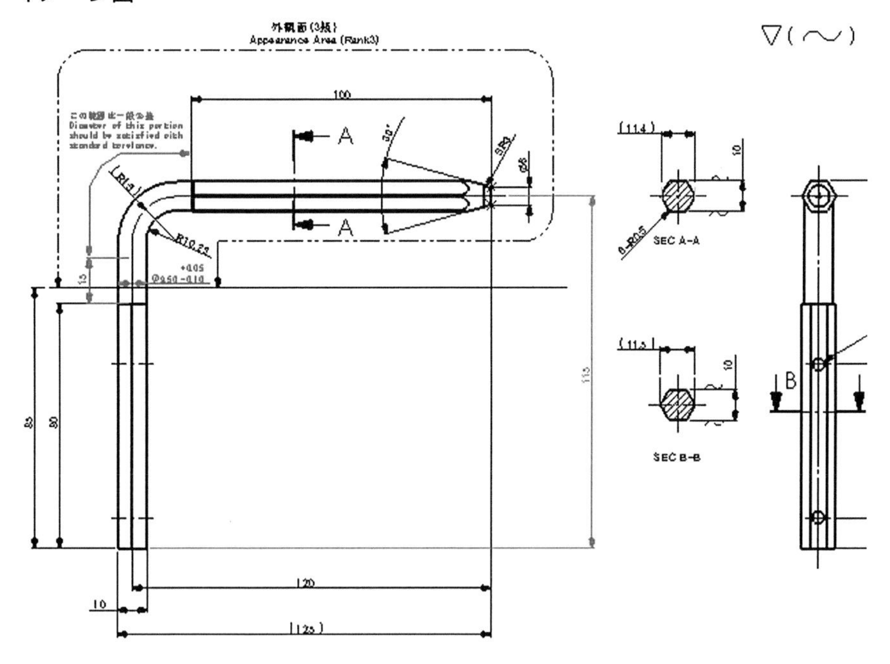

②　幾何公差との出会い

複雑な形状になるほど、寸法公差のみの指示では
あいまいな点が多くなり、結果として予想外の不良が
発生するかもしれませんね

うちよりもっと複雑な形状の部品を
製作しているメーカーはどう指示して
いるんだろう？

**自動車業界では、正しい形や位置に対して
許容できる領域の値として幾何公差で指示している
ことを知り、基礎から勉強することにしました。**

自動車業界に普及していた幾何公差が、形状・姿勢・位置に関する公差を視覚的、かつ直感的に図面の受け手に的確に伝達できることを知り、設計者たちでゼロから勉強を始めた。しかし、座学だけでは、設計実務への応用は難しいと感じ、自分たちが描いた幾何公差図面を持ち寄って、その妥当性について議論を重ねていった。

③　幾何公差の実運用の難しさ

幾何公差は寸法公差だけでは表現できない
あいまいな部分を的確に表現できるので、
従来よりも製造工程の負担を軽くしつつ、
より優れた品質、コストの製品を獲得できる
かもしれないね。

でも、図面をインプットする製造工程に、
幾何公差の意図するところが正しく伝達
されないと意味がないですね。

設計者たちは、幾何公差の合理性を徐々に実感できるようになっていったが、それをどのように図面に落とし込めば図面の受け手に設計意図が的確に伝わるかまでは、確信が持てていなかった。

4.2.4 幾何公差導入は設計部門だけでは実現しない

① 幾何公差設計した製品の測定

特に、製品実測時、図面に示す基準位置で
どのように固定してどのような条件で測定するかを
検査工程と事前にすり合わせしないと、
測定精度に大きく影響する恐れがあるね。

そうですね。
図面を基に具体的な測定要件を協議し、
明文化してから測定するプロセス作りが必要ですね。

これら関係部門にも幾何公差を
理解してもらうための下地作りを
働きかけていくことも重要なことだね。

幾何公差で正しく指示した図面であっても、図面の受け手に幾何公差の正しい知識がなければ、設計意図を理解してもらえないので、幾何公差図面を運用する関係部門に対して、幾何公差に関するプレゼンや社内セミナーなどを通じて、幾何公差を運用するための下地作りをお願いした。

② 幾何公差設計の実践トライアル

そこで提案があります。
幾何公差指示した図面で金型を起こして、
生産した部品で組立てたユニットを
公差解析してみませんか？

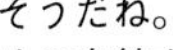

そうだね。
その実績を踏まえたプロセスをPDCAを廻しながら
磨いていけば、幾何公差設計が定着させられるよ。

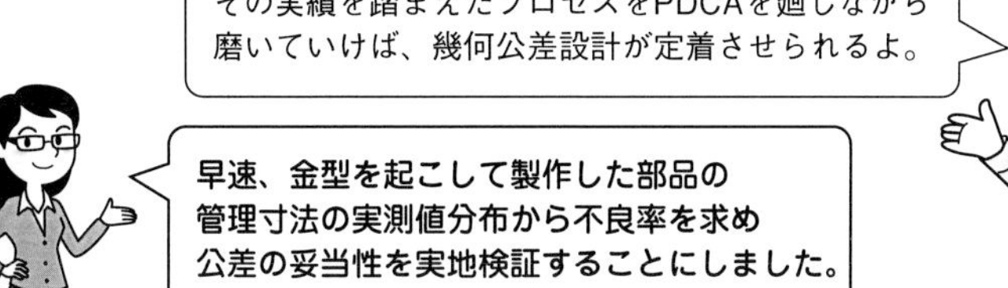

早速、金型を起こして製作した部品の
管理寸法の実測値分布から不良率を求め
公差の妥当性を実地検証することにしました。

具体的な活動事例を示さないと説得力に欠けると考え、現行部品をベースに新たに幾何公差設計した図面で金型を起こし、量産メーカーにて製作した部品を用いて、設計～生産～測定～合否判定～公差の最適化という一連のプロセスを体験し、その成果や課題を社内発表することにした。

4.3 ケーススタディの実施

ここから、いよいよケーススタディの説明に入る。先に述べたように、今回のケーススタディは、以下のステップで実施していく。

Step1：現行図面（今回のテーマは、“デジタルキーボードのホイールユニット”である）において公差計算を実施することで、まずは現行製品がどのような考え方で設計されているのかを把握し、課題点を抽出する。そのためここでは、公差計算を確実に実施し、新たな目標値を決定する。

Step2：新目標値の実現に向けた寸法、公差も含めた基本設計の見直しを行う。そのプロセスを通して、どのような取り組みが必要かを体感してほしい。

Step3：さらなる改善の可能性を探る。今回のケーススタディでは、公差値の最適化に必要な部品のサンプルを30個ずつ、量産と同等の金型によって製作し、目標の工程能力の実現性の検証を行っている。現場の実態を把握した設計検討がされている。

さぁ、それでは Step1 から進めていこう。

4.3.1 Step1 現行図面における公差計算

4.3.1(1) ホイールユニットの確認

図4-1に、本ケーススタディのテーマとなる、ホイールユニットについて説明する。ホイールユニットは、筐体、ホイール金具、ロータリーVR、ホイールの4部品から成り立っている。このユニットでは、ホイールと筐体の間に、部品間の干渉を防ぐための隙間Zが設けられている。しかしこの隙間Zは、製品要求としては、限りなく0にできることが望ましい。

今回のケーススタディでは、この隙間Zをどれだけ小さくできるのか、ということをテーマとして取り組むことにする。

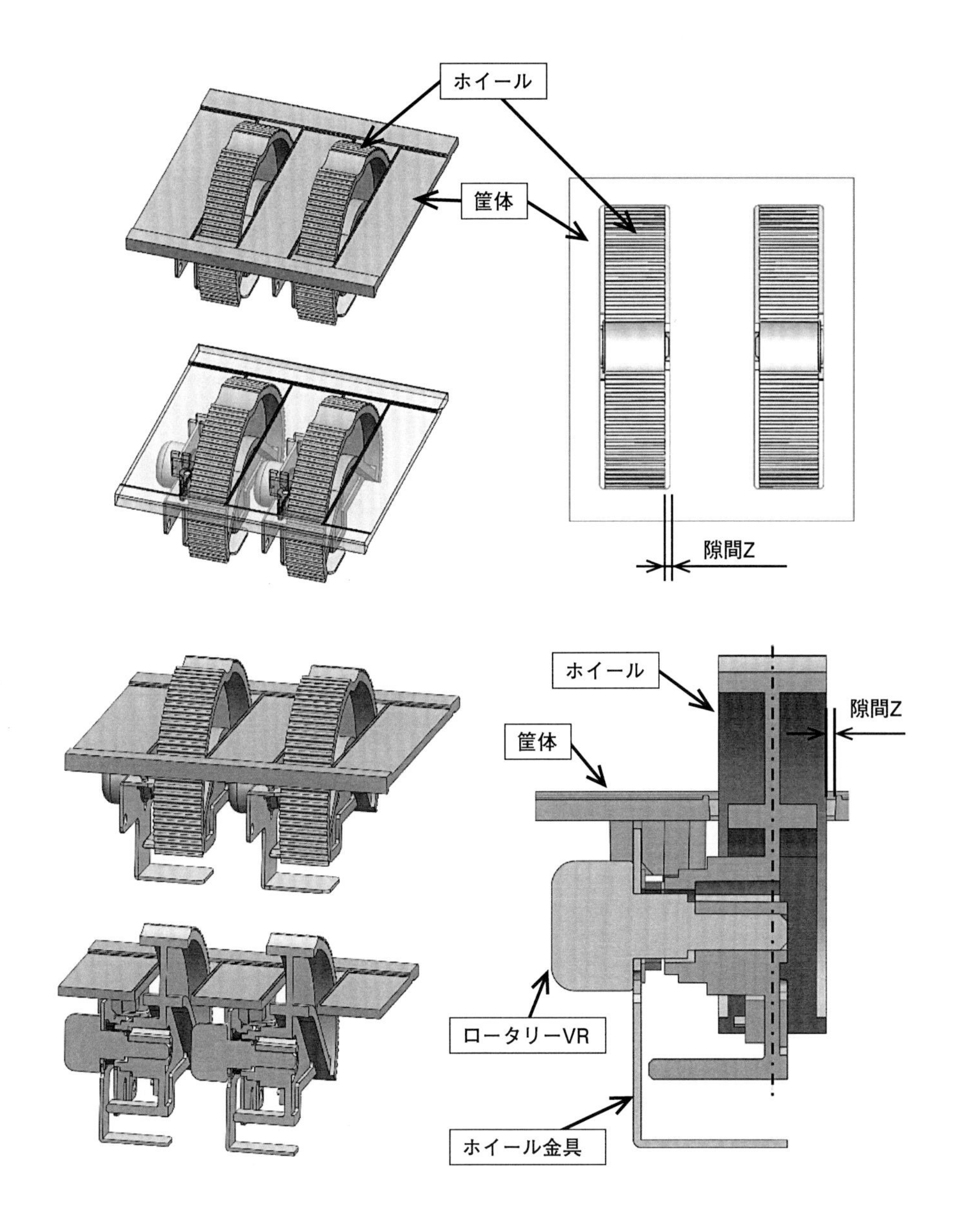

図 4-1　ホイールユニットの概要

4.3.1 (2)　現行図面における公差計算の実施

では、現行図面の隙間 Z がどのように設計されているのか、公差計算を行って確認してみよう。公差計算においては、一番はじめに説明図（マンガのような略図）を描くことが必要になる。実は、この説明図さえ描ければ、公差計算は圧倒的に簡単になる。**図 4-2** にホイールユニットの説明図を示すが、この説明図を見ただけで公差計算が行える人は、ぜひチャレンジしていただきたい。

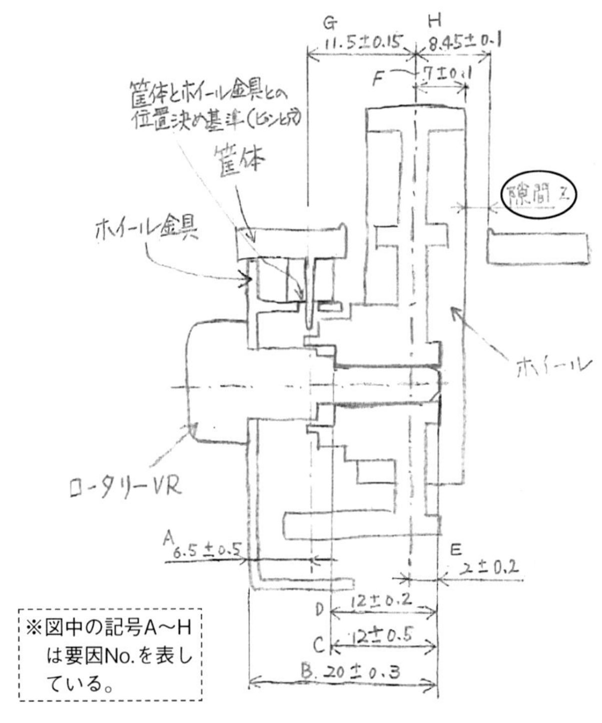

図 4-2　公差計算のための説明図

なお、このケーススタディでは、ガタ・レバー比は考慮しないものとする。ガタ・レバー比の概略については 4.4 節で紹介する。

図 4-2 の説明図では、部品ごとの関連寸法がわかりにくいため、**図 4-3** に部品ごとの図を示す。

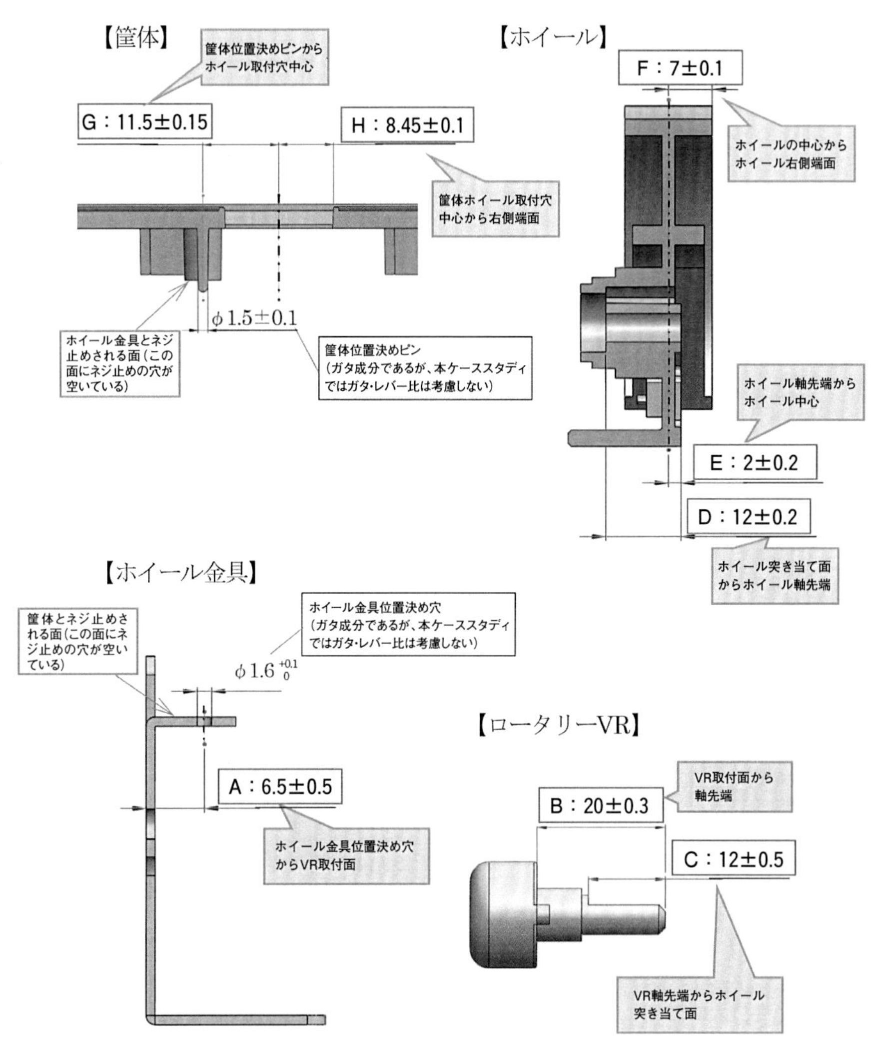

図 4-3　部品ごとの関連寸法

各部品の組付け状態については、以下のことを確認しておいてほしい。

①　筐体とホイール金具

図 4-4 に、筐体とホイール金具の組付け状態の図を示す。筐体とホイール金具は、筐体側にある 2 つの位置決めピンと、ホイール金具側にある 2 つの位置決め穴で締結している。ホイール金具の 2 つの位置決め穴は、片方は丸穴、もう片方

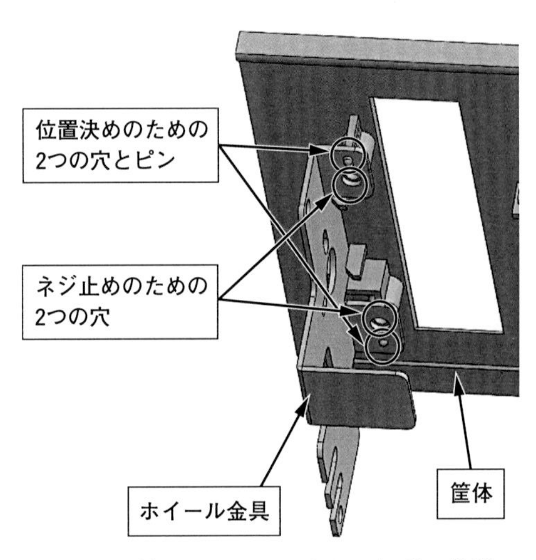

図 4-4　筐体とホイール金具の組付け状態

は長穴となっている。このような2つの穴とピンの位置決めにおいては、本来は、ガタ・レバー比（4.4節参照）を考慮する必要があるが、先にも記載した通り、今回のケーススタディではガタ・レバー比は考慮しないため、ここでは詳細は割愛する。また、同様に図中に示す2つの穴は、筐体とホイール金具をネジで固定するための穴である。

②　ホイール金具とロータリーVRおよびロータリーVRとホイール

その他、ホイール金具とロータリーVRおよびロータリーVRとホイールについては、それぞれ、**図 4-5** の中に示す面でしっかり固定される構造となっているため、それを前提として計算を進めていく。

隙間Zの計算に必要な要因の詳細は、次の通りである。

A：ホイール金具位置決め穴からVR取付面　6.5±0.5

B：VR取付面から軸先端　20±0.3

C：VR軸先端からホイール突き当て面　12±0.5

D：ホイール突き当て面からホイール軸端面　12±0.2

E：ホイール軸端面からホイール中心　2±0.2

F：ホイール中心からホイール右側端面（ホイール外形幅14±0.2の1/2）
7±0.1

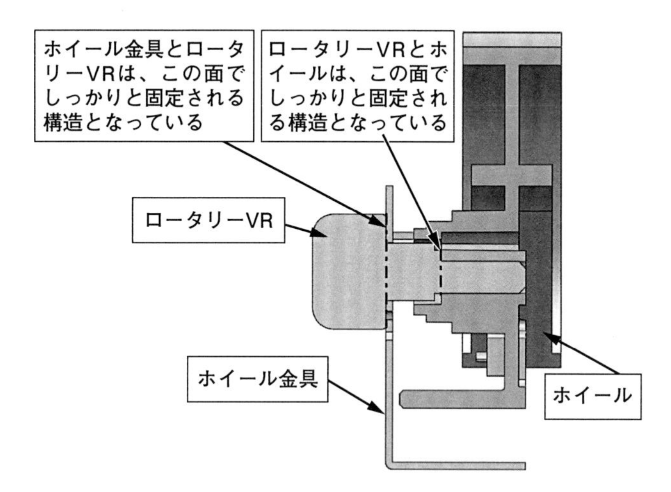

図 4–5　ホイール金具とロータリーVR およびロータリーVR とホイールの組付け状態

G：筐体位置決めピンからホイール取付穴中心　11.5 ± 0.15

H：筐体のホイール取付穴中心から右側端面（取付穴幅 16.9 ± 0.2 の 1/2）

8.45 ± 0.1

ここで、隙間 Z の中央値を求める計算式を作ってみると次のようになる。

隙間 Z = (G + H) − (− A + B − C + D − E + F)

この式に各要因の寸法値を代入すると、

隙間 Z = (11.5 + 8.45) − (− 6.5 + 20 − 12 + 12 − 2 + 7) = 1.45

現行図面の隙間 Z は、1.45 で設定されているということがわかった。

では、これまでの情報をもとに、この隙間 1.45 に対する公差計算書を作成してみよう（**図 4–6**）。

現行図面での公差計算結果は、Σ 計算で 1.45 ± 2.05、√計算で 1.45 ± 0.84 となった（※）。

※**用語解説**

「Σ 計算」とは、最悪（寸法が最大あるいは最小）の状態を計算する方法である。

「√計算」とは、統計的方法を用いた計算方法である。

公差計算書	製品名 ホイールユニット	ポイント： ホイールと筐体の隙間								
氏名	年月日	No.	項　目	寸法と公差	中心寸法と公差		係数	実効値		実効値
説明図：		A	ホイール金具位置決め穴からVR取付面	6.5±0.5	6.5	±0.5	1	0.5		0.25
		B	VR取付面から軸先端	20±0.3	20	±0.3	1	0.3		0.09
		C	VR軸先端からホイール突き当て面	12±0.5	12	±0.5	1	0.5		0.25
		D	ホイール突き当て面からホイール軸端面	12±0.2	12	±0.2	1	0.2		0.04
		E	ホイール軸端面からホイール中心	2±0.2	2	±0.2	1	0.2		0.04
		F	ホイール中心からホイール右側端面	7±0.1	7	±0.1	1	0.1		0.01
※図中の記号A〜Hは要因No.を表している。		G	筐体位置決めピンからホイール取付穴中心	11.5±0.15	11.5	±0.15	1	0.15		0.0225
		H	筐体ホイール取付穴中心から右側端面	8.45±0.1	8.45	±0.1	1	0.1		0.01
計算式： Z＝G＋H－（－A＋B－C＋D－E＋F） ＝1.45										
設計の考え方： 現状図面の公差計算結果からは、Σ計算では破綻しているが、 √計算では、余裕があるという結果となっている。					計算結果	Σ計算	1.45±2.05			
						√計算	1.45±0.844			

図 4-6　現行図面での公差計算結果

これを考察してみると、現行図面の公差計算結果からは、Σ計算では破綻しているが、√計算では、余裕があるという結果となっている。

現状把握ができたところで、今回のテーマをもう一度確認してみよう。今回のテーマは、1.45という隙間をできるだけ小さくして、0以上（干渉しない）となるように設計することであった。したがって、隙間Zを0.5にすることを目標として、以降の検討を進める。

なお、各部品の工程能力は必要最小限の工程能力として、Cp＝1で管理できることを前提（4.3.3項以降を参照）として、√計算を用いて判断していくこととする。

Check! 工程能力指数 Cp、Cpk とは

工程能力指数 Cp、Cpk とは、ばらつきの大きさと規格の幅（公差域）との比を評価する値である。

工程能力指数 Cp

$$C_p = \frac{(S_U - S_L)}{6\sigma}$$

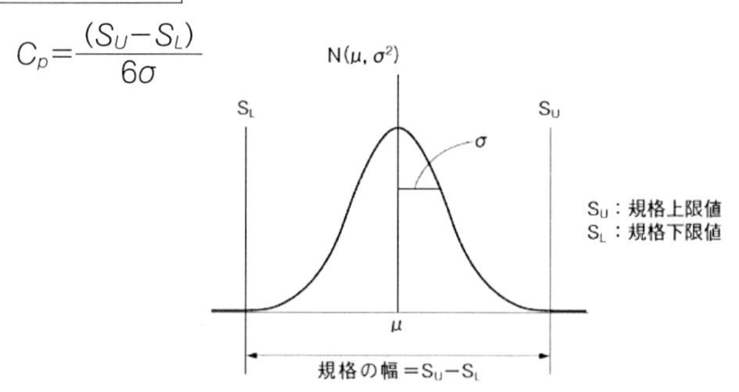

図 4-7　工程能力指数 Cp の説明図

この式からわかるように、工程能力指数 Cp は、規格の幅を 6σ で割った値になる（**図 4-7**）。つまり、規格の幅がちょうど 6σ（±3σ）の場合に Cp=1 となる。

工程能力指数 Cpk

工程能力指数 Cp は、平均値が規格の中心にある場合の工程能力指数を表すが、実際には平均値が規格中心から S_U、S_L のどちらかに寄っている場合がほとんどである。したがって、規格片側の幅が小さいほう（安全側）を用いて工程能力指数を算出するのが、Cpk である。**図 4-8** は分布の平均値が上側規格（S_U 側）に寄っている場合を示している。

$$C_{pk} = \frac{(S_U - \mu)}{3\sigma} \quad または \quad C_{pk} = \frac{(\mu - S_L)}{3\sigma}$$

図 4-8　工程能力指数 Cpk の図（分布の平均値が S_U 側に寄っている場合）

4.3.2 Step2 改善案①の検討

Step1 で、現行図面の実態を把握し、その上での目標値（隙間 Z を 0.5 とすることを目指す）も明確にすることができた。ここから、改善案の検討を行う。

4.3.2 (1) 基本設計の見直し

今回のテーマについては、長年変更要求のなかったユニットの設計を基本設計から見直すことも目的の１つとしている。まず１つ目はユーザーがホイールを操作する際のぐらつきによって、ホイール右端面が筐体の穴に接触しないよう配慮しているため、現在の隙間（1.45）に至っていることが判明した。このぐらつきは、ホイール金具が挿入される位置からホイールの中心までの距離に応じて、ホイール金具が変形することによるものだ（**図 4-9**）。

これについては、ホイール幅方向の中心が、できるだけロータリーVR の根元

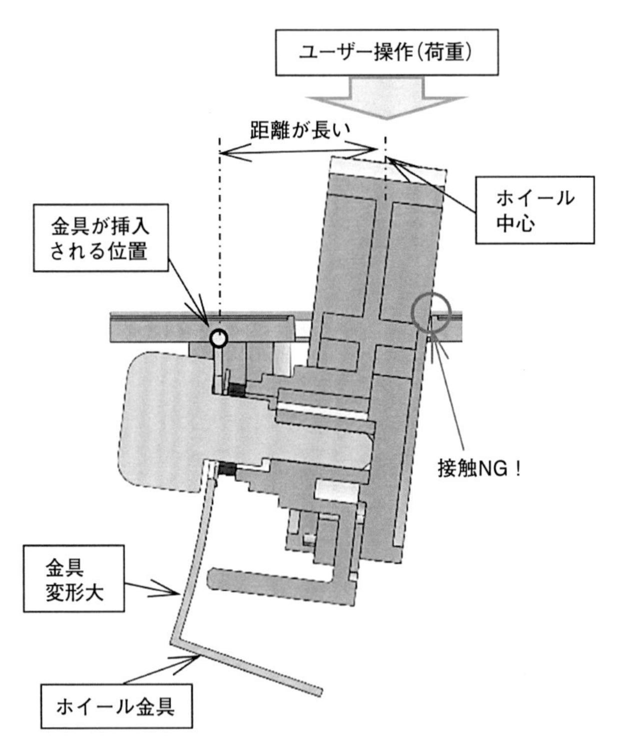

図 4-9 現行図面におけるホイールのぐらつき

(基準面) 付近となるように、ホイール形状を変更した (**図 4-10**)。これによって、ホイール操作時の金具に加わるモーメント荷重によるホイールのぐらつきを抑制し、操作時の隙間の減少を改善。結果的に、この変形による影響を排除することで、公差計算に集中できる。

ユーザー操作により、ホイール金具が変形したときには、金具が挿入される位置が、筐体とホイール金具の位置決め基準のようになってしまうが、**図 4-11** のような新規構造によって、想定される演奏条件下でのホイール金具の変形をなくすことにより、本来の穴・ピンで位置が決まることとなる。位置決めの基準が明確でないと、公差計算が非常にやりにくくなるが、この新規構造であれば、穴・ピンが位置決め基準であることが明確となり、図 4-6 の公差計算結果を前提として検討が進められる。

4.3.2 (2) ホイール部品の見直し

基本設計を見直したら、次は図面の見直しに入る。まずはホイール部品の見直しに入ることとする。現行図面における公差計算書を思い出してみよう。今回の公差計算においては、要因数は 8 であったが、そのうちの 3 つ (No.D、E、F) はホイール部品の関連寸法だった。

図 4-12 が、現行のホイール部品の図面であり、その中に、今回の公差計算に影響する寸法および公差を○で示してある。

現行図面では、**図 4-13** に示すように、「ロータリーVR が取り付く面①」→「ホイール軸端面②」への寸法、「ホイール軸端面②」→「ホイール中心面③」への寸法、ホイール幅 (公差計算上では、「ホイール中心面③」→「ホイール外形面④」として計算している) というように、隙間 Z に直接影響するホイール外形面④までの寸法が 3 つ繋がっていることがわかる。これによって、ホイール部品だけで公差要因が 3 つとなってしまっている。

公差要因が多いと、公差の増大につながり、設計上不利となるため、この公差要因を減らしたい。このような場面で、幾何公差が威力を発揮する。

図 4-14 に示すように、図 4-13 で①と示した面を基準 (データム C) として、必要な面に面の輪郭度公差を指定することで、基準面から隙間 Z に直接影響するホイール外形面をダイレクトに指定することができ、ホイール部品だけで 3 つであった公差要因を、1 つだけに削減させることができる。

当然、これまでの設計と基準が変わるため、この点について、製造現場との調

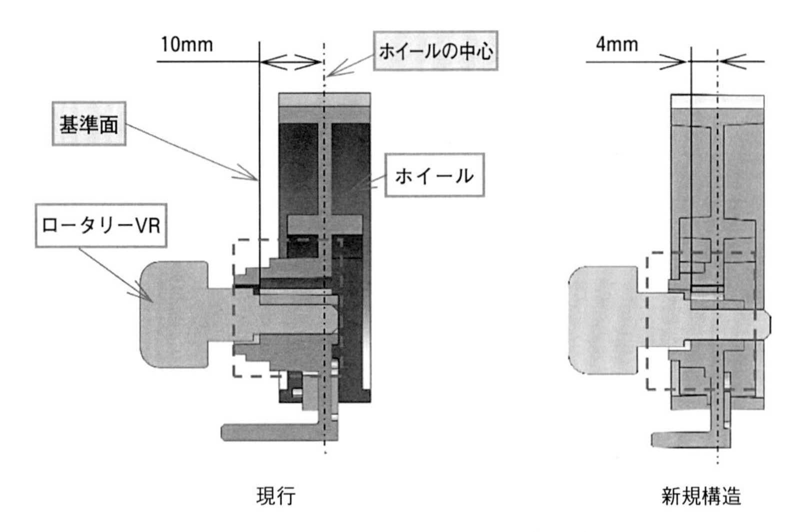

図 4-10　現行と新規のホイール形状の違い

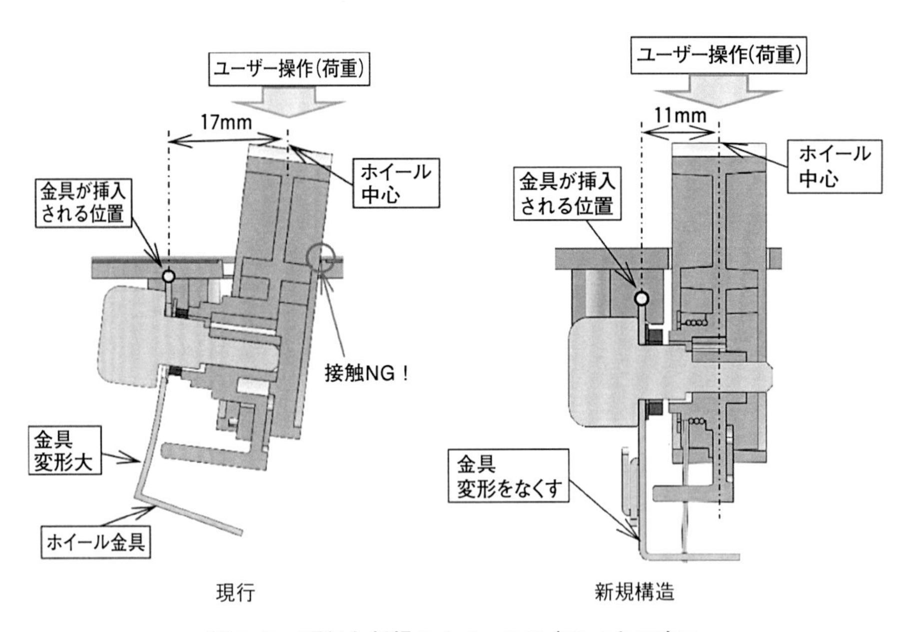

図 4-11　現行と新規のホイールのぐらつきの違い

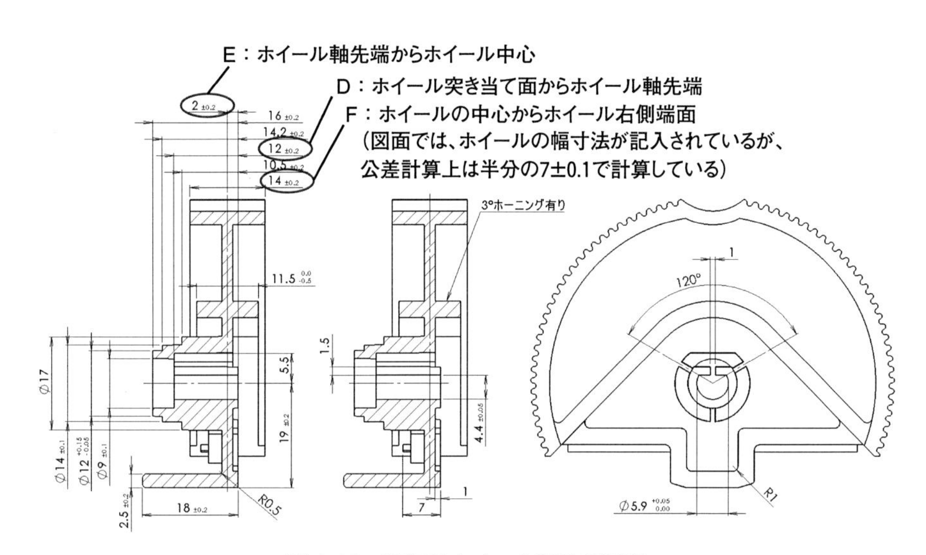

図 4-12　現行のホイール部品の図面

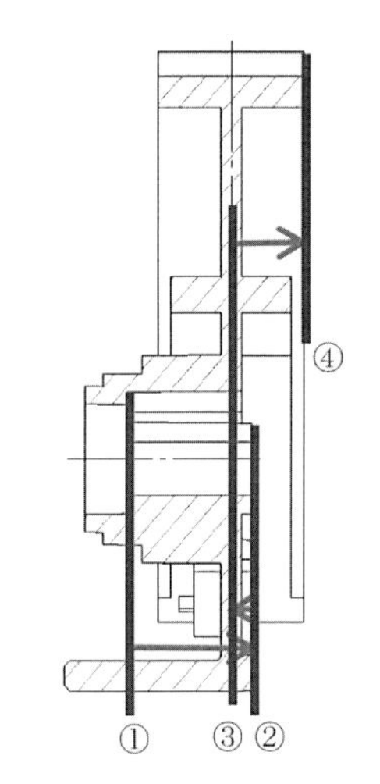

図 4-13　現行ホイール図面の寸法の繋がり

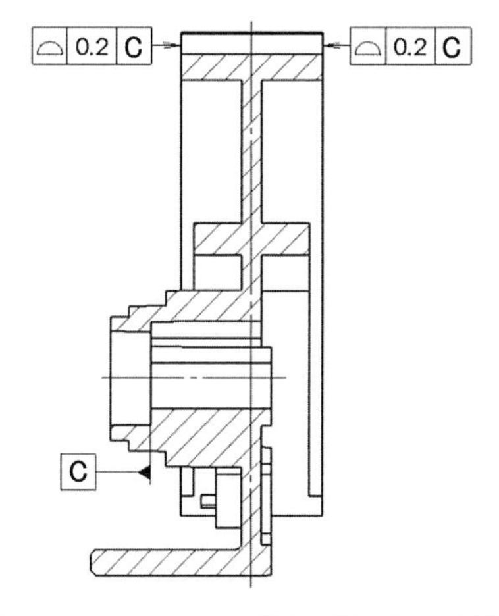

図 4-14　ホイール図面の幾何公差表記

整が必要となる。

ここまでは、公差計算上の課題点に対する改善について解説してきたが、データム設定や公差値については、設計者の意図に従い、**図4-15**のような図面とした。

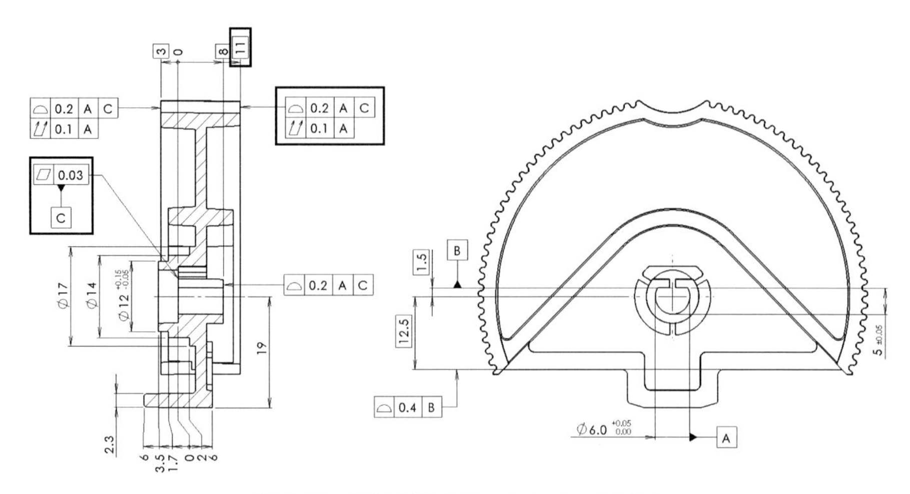

図 4-15　幾何公差を使ったホイール図面

図 4-15 の図面では、公差計算においては、データム平面 C として設定された面を基準として、11 mm の位置にあるホイール右側端面に設定された面の輪郭度公差 0.2 だけを公差計算すれば良いことになる（図 4-26 の公差計算書では、要因 D として計算されている）。

Check! 幾何公差が入った場合の公差計算（その 1）

今回、ホイール部品においては、データム平面 C を基準としてホイール右側端面に面の輪郭度公差を設定したが、この場合の公差計算はどのようにするか？

図 4-16 の例図の場合には、面の輪郭度公差 0.2 が設定されたときの公差域は、理論的に正確な寸法 TED（5 の寸法）から＋側に 0.1、－側に 0.1 の幅となるため、公差計算上では、5±0.1 として計算する。

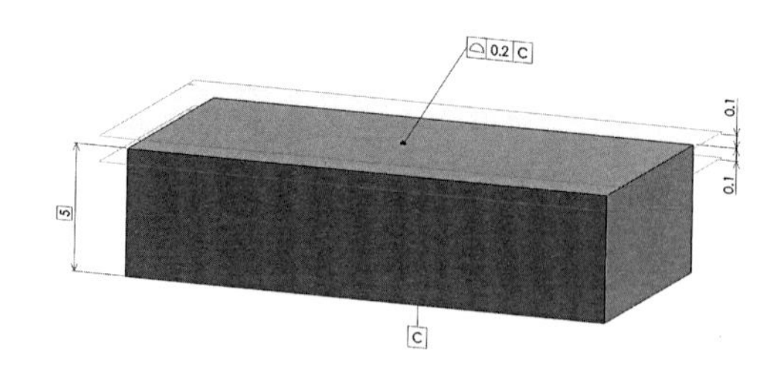

図 4-16　幾何公差が入った場合の公差計算（その 1）

Check! 幾何公差が入った場合の公差計算（その 2）

公差計算の要因として、**図 4–17** に示す板の高さが必要な場合、今までのサイズ公差の図面から幾何公差に変わると、①上面には平行度を加えたいし、②データム面には平面度を加えたい（**図 4–18**）。

幾何公差を使えば使うほど、公差計算上不利になるのではないだろうか？

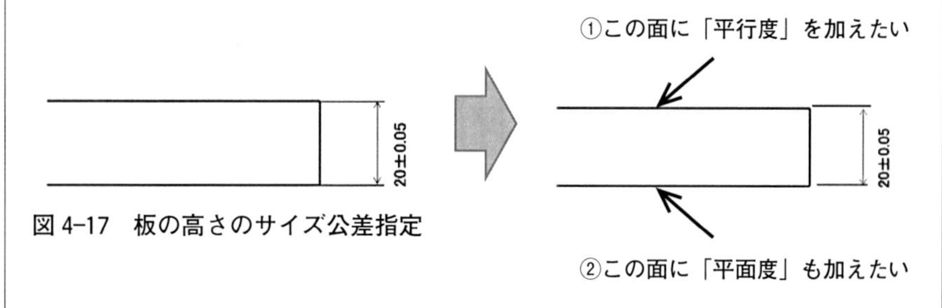

図 4–17　板の高さのサイズ公差指定

図 4–18　幾何公差で加えたい項目

図 4–19 のような表記にすると、公差計算上はまったく変わらず計算できる上に、設計者が欲しい形状を明確に規定できる。

- データムＡ面に平面度公差があるが、これを基準に（例えば定盤の上に置いて）測定するため、公差計算上は無視できる
- 上面は面の輪郭度公差と平行度公差が2段になっているが、平行度は輪郭度（上位）に含まれるため、公差計算上は面の輪郭度公差だけを計算すれば良い（平行度が大きく影響する場合は平行度を優先して計算する場合もある）

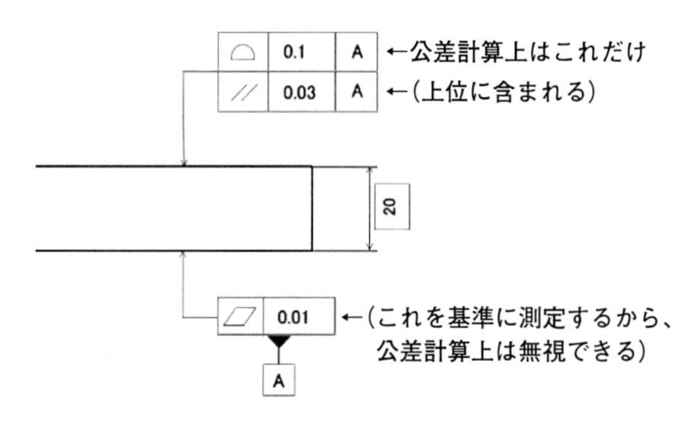

図 4–19　幾何公差が入った場合の公差計算方法

4.3.2 (3)　筐体部品の見直し

筐体部品もホイール部品と同様に、現行図面においては、G：筐体位置決めピンからホイール取付穴中心までの距離と、H：筐体ホイール取付穴中心から右側端面の2つの要因が影響している（**図 4-20**）。

筐体部品においては、位置決めピンから、隙間に直接影響するホイール取付穴右側端面をダイレクトに指定する方法とし、最終的な図面は**図 4-21** の通りとし

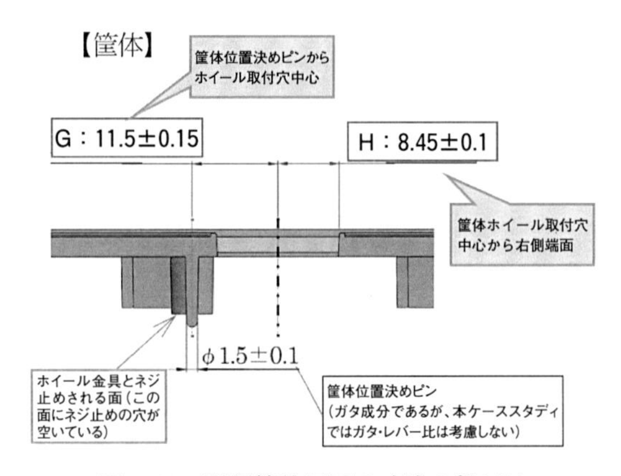

図 4-20　現行筐体図面の寸法の繋がり

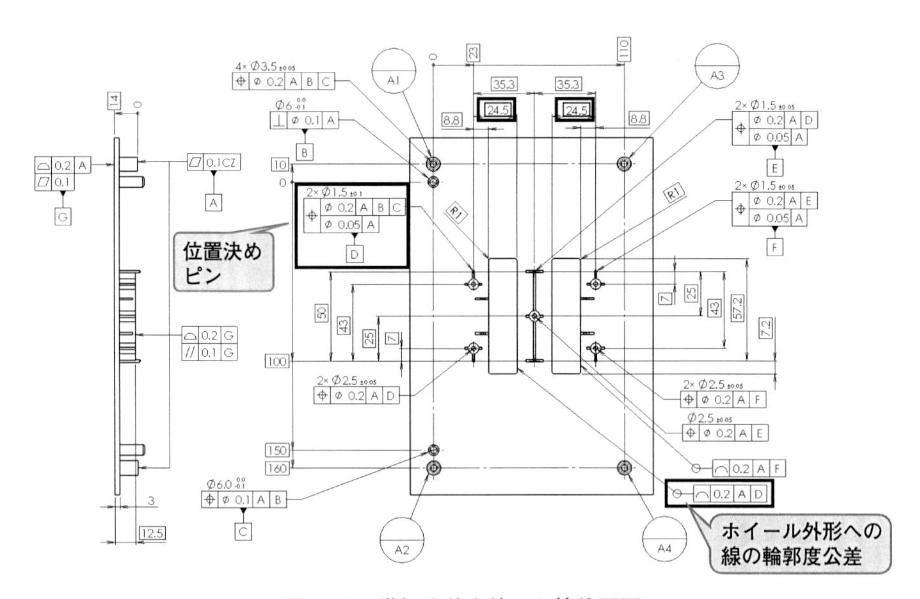

図 4-21　幾何公差を使った筐体図面

た。

なお、このときに、現行図面での隙間1.45を新目標値の0.5とするように、位置決めピンからホイール取付穴端面までの寸法を24.5としている。

図4-21における公差計算では、グループデータムD（グループデータムについては3.3.4⑷参照）として設定された2つの位置決めピンから、24.5 mmの位置にあるホイール右側端面に設定された線の輪郭度公差0.2（ホイール取付穴外形の全周に指定されている）だけを公差計算すれば良い（図4-26の公差計算書では、要因Eとして計算されている）。

4.3.2⑷　ホイール金具部品の見直し

ホイール金具部品においては、要因No.A（6.5±0.5）が、他要因と比較して大きい公差が入っているため、見直しを行いたい。これについても、幾何公差を使用して見直しを行うこととする。

現行図面（**図4-22**）においては、ホイール金具と筐体との位置決め穴（2つ）とロータリーVR取付面との距離を寸法公差（6.5±0.5）で指定しているが、これは、ロータリーVR取付面全面の平面性を保証するため、比較的大きい公差値を指定せざるを得なかったと考察する。

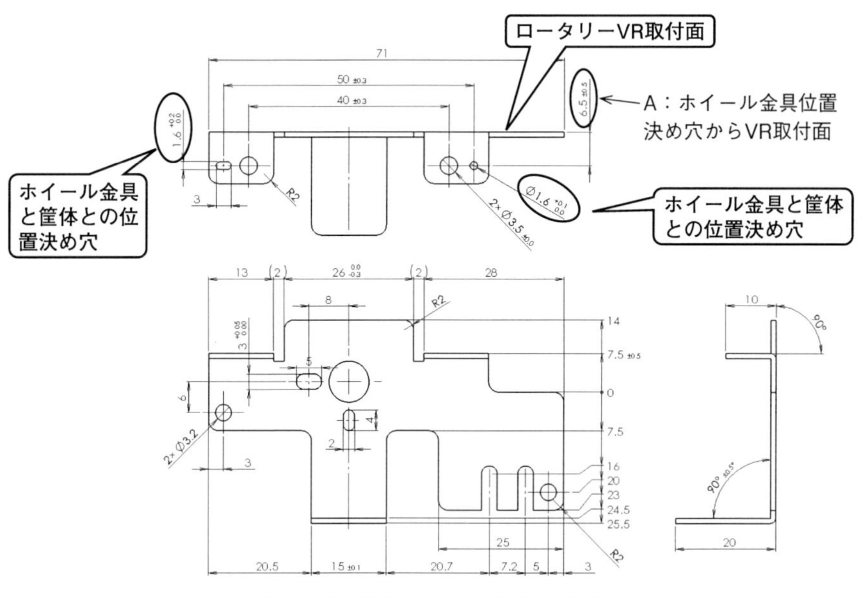

図4-22　現行のホイール金具図面

幾何公差によって、本当に管理したい部位のみを的確に規制できる。それを実践したのが、**図 4-23** の図面である。基準面をデータム A（データムターゲット A1、A2として設定)、位置決め穴をデータム B、Cとして設定し、ロータリーVR の取付範囲（▨部）のみを面の輪郭度で指示することで、規制が必要な範囲を明確にした。これによって、品質管理もやりやすくなることから、元々 ±0.5 だった公差値は、面の輪郭度公差 0.4（±0.2）に変更した。

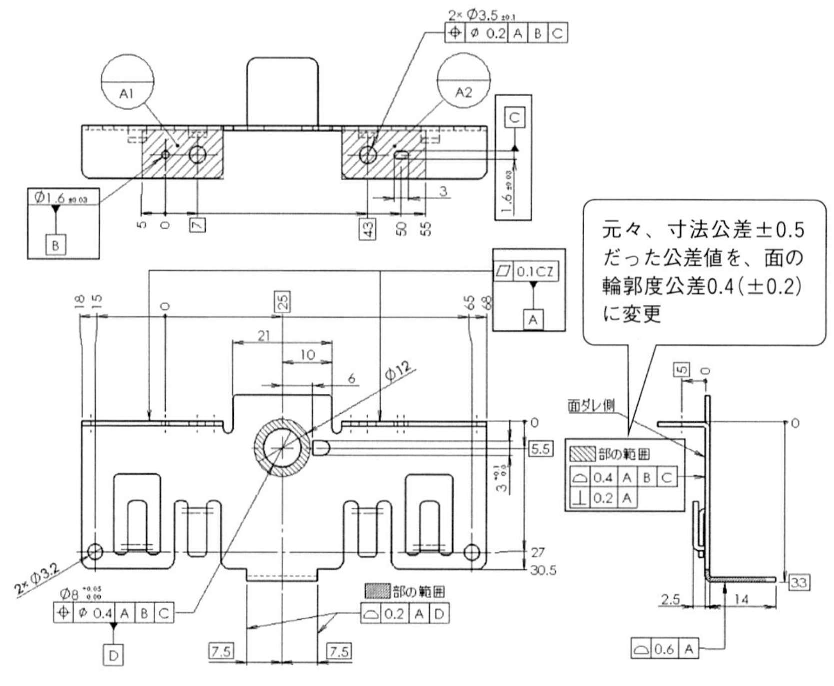

図 4-23　幾何公差を使ったホイール金具図面

本図面においては、ホイール操作時のぐらつき（金具のたわみ）対策としてホイールと VR 取付面を可能な限り接近させるため、筐体の位置決め穴およびネジ止め穴が設けられた取付面の折り曲げ方向を、現行図面から反転させた（**図 4-24**）ことも大きな変更点となっている。これにより、公差計算における計算式に変更が出ることも注意が必要となる。

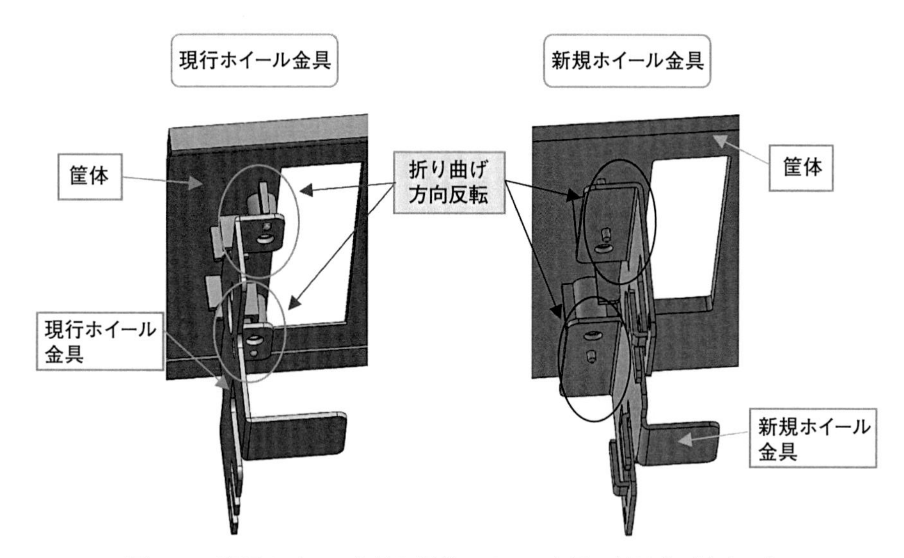

図 4-24　現行ホイール金具と新規ホイール金具　折り曲げ方向反転

4.3.2 (5)　改善案①における公差計算

これまで変更してきた内容を踏まえ、改善案①での公差計算を行った。**図 4-25** に改善案①の説明図を、**図 4-26** に公差計算結果を示す。

改善案①では、ホイールとケースの公差要因を、合計で 3 要因削減したことにより、√計算の結果を、現行図面の ±0.844 から ±0.632 へと改善できた。また、現行図面では 1.45 だった隙間 Z は、0.5 へと変更された。

	隙間 Z の中央値	√計算結果
現行図面	1.45	±0.844
	↓	↓
新構造	0.5	±0.632

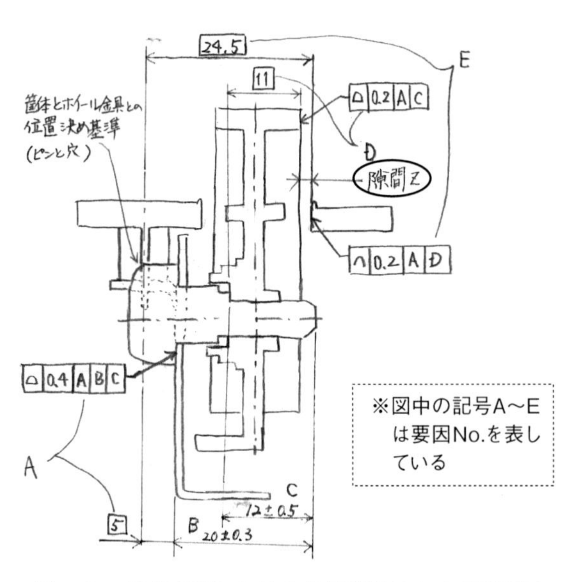

図 4-25　改善案①における公差計算のための説明図

公差計算書	製品名 ホイールユニット	ポイント：ホイールと筐体の隙間							
氏名	年月日	No.	項　目	寸法と公差	中心寸法と公差		係数	実効値	実効値
説明図：		A	ホイール金具位置決め穴から VR 取付面	5±0.2	5	±0.2	1	0.2	0.04
		B	VR取付面から軸先端	20±0.3	20	±0.3	1	0.3	0.09
		C	VR 軸先端からホイール突き当て面	12±0.5	12	±0.5	1	0.5	0.25
		D	ホイール突き当て面からホイール右側端面	11±0.1	11	±0.1	1	0.1	0.01
		E	筐体位置決めピンからホイール取付穴右側端面	24.5±0.1	24.5	±0.1	1	0.1	0.01
計算式：Z=E−(A+B−C+D)=0.5									
設計の考え方：					計算結果	Σ計算	0.5±1.2		
						√計算	0.5±0.632		

図 4-26　改善案①における公差計算結果

Check! 寄与率について

図 4-26 の改善案①におけるΣ計算結果は±1.2、√計算結果は±0.632 であった。このとき、公差計算結果に対して各要因が与える影響度を寄与率という。Σ計算、√計算の寄与率は、それぞれ**表 4-1**、**表 4-2** のように計算される。

表 4-1　Σ計算の場合の寄与率

No.	寄与率計算方法	寄与率結果（%）
A	0.2／1.2	16.67
B	0.3／1.2	25.00
C	0.5／1.2	41.67
D	0.1／1.2	8.33
E	0.1／1.2	8.33

表 4-2　√計算の場合の寄与率

No.	寄与率計算方法	寄与率結果（%）
A	0.2^2／0.632^2	10.01
B	0.3^2／0.632^2	22.53
C	0.5^2／0.632^2	62.59
D	0.1^2／0.632^2	2.50
E	0.1^2／0.632^2	2.50

寄与率の計算式の分子は各要因の公差の値、分母は公差計算結果である（√計算の場合は 2 乗の値で計算する）。寄与率結果は、各要因の結果を足し合わせると 100 %となる（√計算の場合は、公差計算結果、寄与率結果いずれも四捨五入して計算しているため、若干のズレが生じている）。

Σ計算、√計算、いずれの場合も、寄与率が一番大きいのは要因 C（ロータリー VR の先端からホイール突き当て面）である。もし、公差計算結果が目標値を満足できず、各要因の公差値を変更しなければならないことがあれば、このように寄与率が大きいものから、変更の検討をすることで大きな効果が得られる。逆に、寄与率が小さい要因は、公差計算結果への影響度が少ないため、製造面で公差管理が厳しいという場合には、公差値を広げるという検討も可能となる。

なお、今回の事例では、単に公差値が大きい要因の寄与率結果が大きい値となっているが、第 4 章 4.4 節で紹介するようなガタ・レバー比の影響を考慮する場合には、公差値が小さくても、構造によっては公差値が拡大・縮小することがあるため、そのような場合には、公差値が小さくても寄与率が大きい値となることもある。

改善案①において、隙間Zを0.5とするためにとった改善策を、**表4–3**にまとめておこう。

表4–3　現行図面と改善案①との比較表

<table>
<tr><th rowspan="2">部品</th><th colspan="4">現行</th><th colspan="3">改善案①</th><th rowspan="2">寸法差（新ー現行）</th><th rowspan="2">備考</th></tr>
<tr><th>要因No.</th><th>要因</th><th colspan="2">寸法</th><th>要因No.</th><th>要因</th><th>寸法</th></tr>
<tr><td>ホイール金具</td><td>A</td><td>ホイール金具位置決め穴からVR取付面</td><td colspan="2">6.5</td><td>A</td><td>ホイール金具位置決め穴からVR取付面</td><td>−5</td><td>−11.5</td><td>ホイール操作時のぐらつき対策①
ホイール中心とVR取付面を限りなく近づける。</td></tr>
<tr><td rowspan="2">VR</td><td>B</td><td>VR取付面から軸先端</td><td colspan="2">−20</td><td>B</td><td>VR取付面から軸先端</td><td>−20</td><td>0</td><td>現行図面のまま</td></tr>
<tr><td>C</td><td>VR軸先端からホイール突き当て面</td><td colspan="2">12</td><td>C</td><td>VR軸先端からホイール突き当て面</td><td>12</td><td>0</td><td>現行図面のまま</td></tr>
<tr><td rowspan="3">ホイール</td><td>D</td><td>ホイール突き当て面からホイール軸端面</td><td>−12</td><td rowspan="3">−17</td><td rowspan="3">D</td><td rowspan="3">ホイール突き当て面からホイール右側端面</td><td rowspan="3">−11</td><td rowspan="3">6</td><td rowspan="3">ホイール操作時のぐらつき対策②
ホイールとVR取付面を可能な限り近づける。</td></tr>
<tr><td>E</td><td>ホイール軸端面からホイール中心</td><td>2</td></tr>
<tr><td>F</td><td>ホイール中心からホイール右側端面</td><td>−7</td></tr>
<tr><td rowspan="2">筐体</td><td>G</td><td>筐体位置決めピンからホイール取付穴中心</td><td>11.5</td><td rowspan="2">19.95</td><td rowspan="2">E</td><td rowspan="2">筐体位置決めピンから筐体ホイール取付穴右側端面</td><td rowspan="2">24.5</td><td rowspan="2">4.55</td><td rowspan="2">ホイール操作時のぐらつき対策③
上記対策①②を実現するために、筐体取付面の位置をホイール側からVR側へ移動。また、隙間Zを0.5とするために寸法調整。</td></tr>
<tr><td>H</td><td>筐体ホイール取付穴中心から右側端面</td><td>8.45</td></tr>
<tr><td></td><td></td><td>隙間寸法</td><td colspan="2">1.45</td><td></td><td>隙間寸法</td><td>0.5</td><td>−0.95</td><td></td></tr>
</table>

改善案①（Step2）では、隙間Zを0.5としたものの、√計算結果では±0.632であり、公差計算上では隙間が0以下になってしまう（干渉してしまう）ものが出るという結果となった。そのためStep3ではさらなる改善の必要があるが、その前に、もしこの図面通りに量産したら、隙間が0以下になってしまう（干渉してしまう）確率、すなわち不良率（何台作ったら何台の規格外れが発生するか？）がどうなるかを予測してみよう。

※**補足** 現行図面（Step1）においては、隙間を大きめに設定（1.45）していたため、√計算結果では相当な余裕があるという結果であったことから、不良率の算出はしていなかった。

Check! 不良率の算出方法

公差計算結果が得られたら、この図面通りに量産した場合に、何台作ったら何台の規格外れが発生するのか？を計算してみよう。ここでの不良率の算出は、各部品をCp=1で管理できることを前提として計算する。そのため、不良率が算出できるのは√計算の値のみである。

不良率の算出方法は以下の通り。

① この図面通りに量産したときに隙間Zがどのような分布をするのか、正規分布図を描く（**図4-27**）。（正規分布図はμとσの値がわかれば描ける）

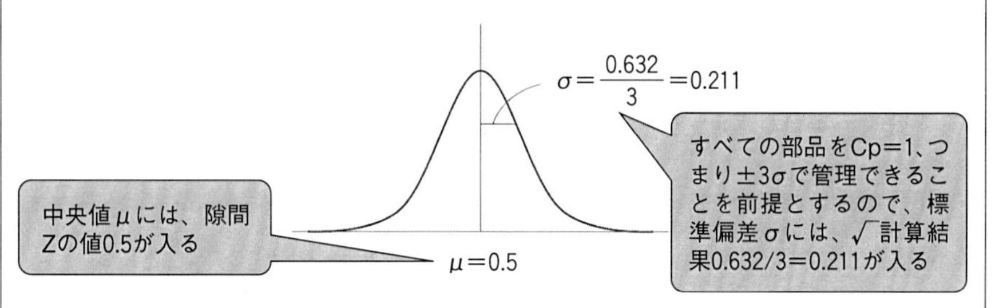

σ＝0.632/3＝0.211
中央値μには、隙間Zの値0.5が入る
μ＝0.5
すべての部品をCp=1、つまり±3σで管理できることを前提とするので、標準偏差σには、√計算結果0.632/3=0.211が入る

図4-27　ホイールユニットを量産した場合の隙間Zの分布図

② ①の図に、目標値の線を引く（**図4-28**）。

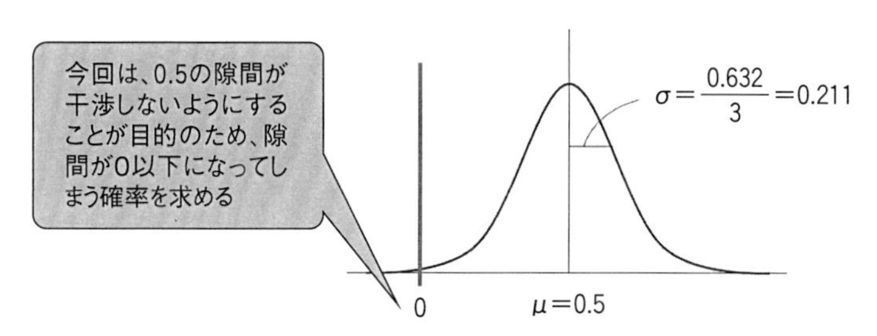

今回は、0.5の隙間が干渉しないようにすることが目的のため、隙間が0以下になってしまう確率を求める
σ＝0.632/3＝0.211
0
μ＝0.5

図4-28　隙間Zの分布図に目標値の線を引く

③ K_εの値を求める（**図4-29**）。

K_εを求める計算式は、次の通りとなる。

$$K_\varepsilon=\frac{x-\mu}{\sigma}$$

つまりK_εとは、目標値（x）から中央値（μ）までの幅が、標準偏差（σ）の何倍であるか？を計算した値である。

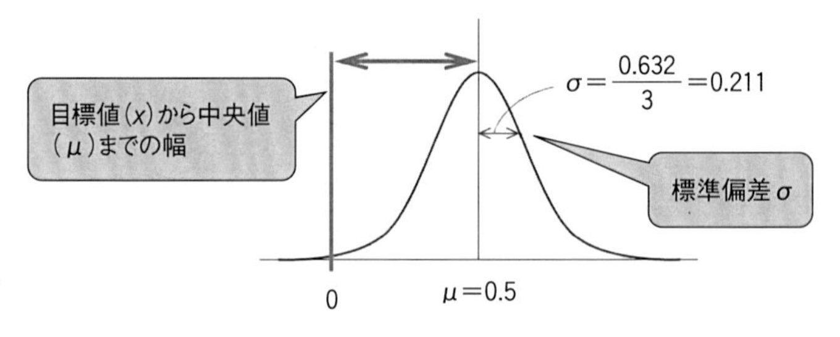

図 4-29　K_{ε}の値を求める

よって、

$$K_{\varepsilon}=\frac{x-\mu}{\sigma}=\frac{|0-0.5|}{0.211}=2.37$$

④　最後に、標準正規分布表より、$K_{\varepsilon}=2.37$ から外れる確率を求めれば良い（**表 4-4**）。

表 4-4　標準正規分布表

Kε	0	1	2	3	4	5	6	7	8	9
0.0	0.500000	0.496011	0.492022	0.488033	0.484047	0.480061	0.476078	0.472097	0.468119	0.464144
0.1	0.460172	0.456205	0.452242	0.448283	0.444330	0.440382	0.436441	0.432505	0.428576	0.424655
0.2	0.420740	0.416834	0.412936	0.409046	0.405165	0.401294	0.397432	0.393580	0.389739	0.385908
0.3	0.382089	0.378281	0.374484	0.370700	0.366928	0.363169	0.359424	0.355691	0.351973	0.348268
0.4	0.344578	0.340903	0.337243	0.333598	0.329969	0.326355	0.322758	0.319178	0.315614	0.312067
0.5	0.308538	0.305026	0.301532	0.298056	0.294598	0.291160	0.287740	0.284339	0.280957	0.277595
0.6	0.274253	0.270931	0.267629	0.264347	0.261086	0.257846	0.254627	0.251429	0.248252	0.245097
0.7	0.241964	0.238852	0.235762	0.232695	0.229650	0.226627	0.223627	0.220650	0.217695	0.214764
0.8	0.211855	0.208970	0.206108	0.203269	0.200454	0.197662	0.194894	0.192150	0.189430	0.186733
0.9	0.184060	0.181411	0.178786	0.176186	0.173609	0.171056	0.168528	0.166023	0.163543	0.161087
1.0	0.158655	0.156248	0.153864	0.151505	0.149170	0.146859	0.144572	0.142310	0.140071	0.137857
1.1	0.135666	0.133500	0.131357	0.129238	0.127143	0.125072	0.123024	0.121001	0.119000	0.117023
1.2	0.115070	0.113140	0.111233	0.109349	0.107488	0.105650	0.103835	0.102042	0.100273	0.098525
1.3	0.096801	0.095098	0.093418	0.091759	0.090123	0.088508	0.086915	0.085344	0.083793	0.082264
1.4	0.080757	0.079270	0.077804	0.076359	0.074934	0.073529	0.072145	0.070781	0.069437	0.068112
1.5	0.066807	0.065522	0.064256	0.063008	0.061780	0.060571	0.059380	0.058208	0.057053	0.055917
1.6	0.054799	0.053699	0.052616	0.051551	0.050503	0.049471	0.048457	0.047460	0.046479	0.045514
1.7	0.044565	0.043633	0.042716	0.041815	0.040929	0.040059	0.039204	0.038364	0.037538	0.036727
1.8	0.035930	0.035148	0.034379	0.033625	0.032884	0.032157	0.031443	0.030742	0.030054	0.029379
1.9	0.028716	0.028067	0.027429	0.026803	0.026190	0.025588	0.024998	0.024419	0.023852	0.023295
2.0	0.022750	0.022216	0.021692	0.021178	0.020675	0.020182	0.019699	0.019226	0.018763	0.018309
2.1	0.017864	0.017429	0.017003	0.016586	0.016177	0.015778	0.015386	[illegible]	0.014629	0.014262
2.2	0.013903	0.013553	0.013209	0.012874	0.012545	0.012224	0.011911	[illegible]	0.011304	0.011011
2.3	[illegible]	[illegible]	[illegible]	[illegible]	[illegible]	[illegible]	[illegible]	0.008894	0.008656	0.008424
2.4	0.008198	0.007976	0.007760	0.007549	0.007344	0.007143	0.006947	[illegible]	0.006569	0.006387
2.5	0.006210	0.006037	0.005868	0.005703	0.005543	0.005386	0.005234	0.005085	0.004940	0.004799
2.6	0.004661	0.004527	0.004397	0.004269	0.004145	0.004025	0.003907	0.003793	0.003681	0.003573
2.7	0.003467	0.003364	0.003264	0.003167	0.003072	0.002980	0.002890	0.002803	0.002718	0.002635
2.8	0.002555	0.002477	0.002401	0.002327	0.002256	0.002186	0.002118	0.002052	0.001988	0.001926
[illegible]	0.001866	0.001807	0.001750	0.001695	0.001641	0.001589	0.001538	0.001489	0.001441	0.001395
[illegible]	0.001350	0.001306	0.001264	0.001223	0.001183	0.001144	0.001107	0.001070	0.001035	0.001001

K_{ε}=2.37から外れる確率を求める場合、1/10の位まで(2.3)を縦列から、1/100の位(7)を横列から探し、2つが交わった場所の値(0.008894)を見れば良い

以上のステップから、隙間 Z が 0 以下になってしまう確率は、

0.008894×100＝0.8894 %（つまり、1,000 個検査して約 9 個が干渉してしまう）であることがわかる。

4.3.2 (6) 結果の比較

表 4-5 結果の比較

	寸法	公差（√計算）	不良率（隙間が 0 以下になる確率）
現行図面	1.45	±0.844	算出せず
改善案①	0.5	±0.632	0.8894 %

Step2（改善案①）では、隙間が 0 以下になってしまう確率が 0.8894 %（1,000 個検査して 9 個が不良となる）という結果であった。この図面のままでは量産を進めるという判断はできない（**表 4-5**）。

Step3 においては、不良率（干渉してしまう確率）を減少させるため、さらなる改善を行っていく。

4.3.3 Step3 目標値の実現に向けたさらなる改善（改善案②）の検討（工程能力を把握して公差値を最適化）

Step3 においては、不良率（干渉してしまう確率）を減少させることを目的として、各部品の公差の値は適切かどうかの確認を行った。もし、製造上、公差の上限・下限に対して余裕を持って作ることができる部品があれば、公差の値をさらに厳しくすることができる（逆に、公差の上限・下限に対して余裕がなければ、公差を広げなければならない）。今回、ホイール部品（樹脂成型品）とホイール金具（金属プレス品）を、まずは評価用サンプルとして、量産と同等の工程で 30 個ずつ作り、隙間 Z に大きく影響する寸法の公差に基づく工程能力を検証することにした。

4.3.3 (1) ホイール部品（樹脂成型品）の工程能力の把握

まずは改善案①における要因 No.D であるホイール部品の基準面を基準とした右側端面の面の輪郭度公差について 30 個の測定データを取得した（**図 4-30**）。取得したデータは**表 4-6** の通りである。

【測定した公差】

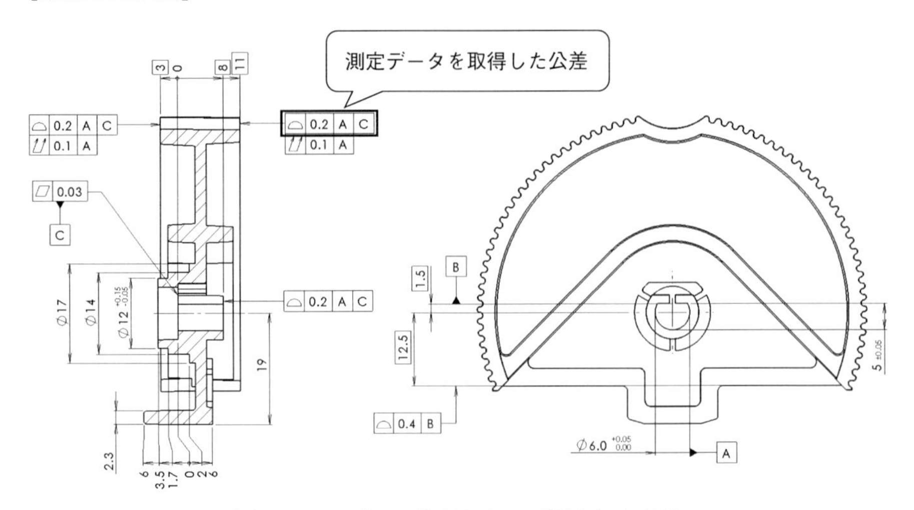

図 4-30　ホイール部品において測定した公差

【測定結果】

表 4-6　ホイール部品の測定から取得したデータ

項目	位置度
規格値	11.0
上限規格値	11.1
下限規格値	10.9
Cpk	0.329

測定・検証したのは、ホイール基準面から理論的に正確な寸法（TED：Theoretically Exact Dimension）で11 mmの位置にある面の輪郭度である。公差値0.2（±0.1）に対するCpkを計算したところ、0.329であった。

今回のCpkの算出手順は次の通りである。

① 30個のサンプルにて、上記の輪郭度の偏差の測定データを取得

輪郭度測定対象面において8か所の点を指定し、8か所の中のMAX値とMIN値を、サンプルごとに取得する（**表 4-7**）。

輪郭度測定対象面の8か所の点は**図 4-31**の通りである。

表 4-7　30 個のサンプルにおける MAX 値と MIN 値

No.	MIN	MAX	No.	MIN	MAX	No.	MIN	MAX
1	10.90	10.96	11	10.90	11.01	21	10.94	10.99
2	10.91	10.97	12	10.97	10.98	22	10.91	11.00
3	10.94	11.00	13	10.92	11.01	23	10.93	10.99
4	10.96	10.98	14	10.94	10.96	24	10.91	10.98
5	10.90	11.00	15	10.95	10.97	25	10.90	10.99
6	10.90	10.98	16	10.90	10.98	26	10.97	11.01
7	10.91	10.99	17	10.91	11.00	27	10.92	10.98
8	10.90	10.99	18	10.95	10.98	28	10.96	11.00
9	10.93	10.98	19	10.90	10.99	29	10.97	10.98
10	10.95	11.00	20	10.90	11.00	30	10.90	10.98

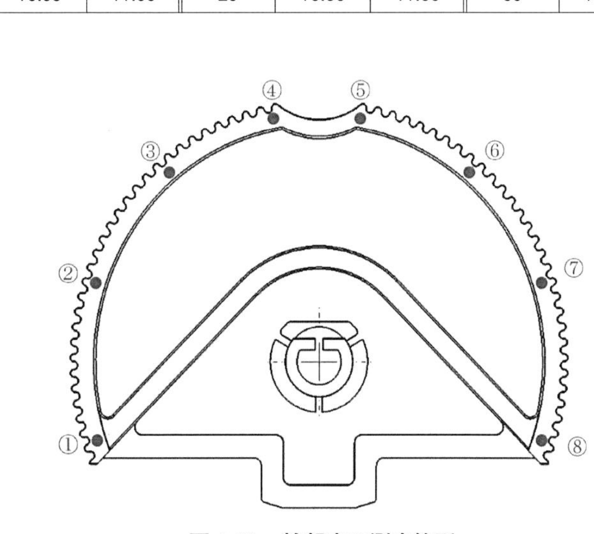

図 4-31　輪郭度の測定箇所

②　MIN 値と MAX 値それぞれについて、平均値と標準偏差を求める

MIN 値の平均値と標準偏差：平均値 10.925、標準偏差 0.0253

MAX 値の平均値と標準偏差：平均値 10.99、標準偏差 0.0136

③　MIN 値と MAX 値それぞれについて、Cpk の値を求める

MIN 値の Cpk：　$\dfrac{\mu - S_L}{3\sigma} = \dfrac{10.925 - 10.9}{3 \times 0.0253} = 0.329$

MAX 値の Cpk：　$\dfrac{S_U - \mu}{3\sigma} = \dfrac{11.1 - 10.99}{3 \times 0.0136} = 2.696$

④　MIN 値と MAX 値の Cpk のうち、小さい値（今回は MIN 値の Cpk：0.329）が、今回の面の輪郭度公差の Cpk 値となる

今回の面の輪郭度公差では、Cpk＝1 を実現できていないことが確認できた。Cpk＝1 を実現するためには、公差値の拡大が必要である。そこで、面の輪郭度公差を 0.2(±0.1)から 0.4(±0.2)に変更し、Cpk＝1 以上が確保できるようにした。もちろん、製造側とも十分に協議した結果である（**表 4-8**）。

表 4-8　Cpk の結果から面の輪郭度公差を変更

項目	輪郭度
規格値	11.0
上限規格値	11.1
下限規格値	10.9
Cpk	0.329

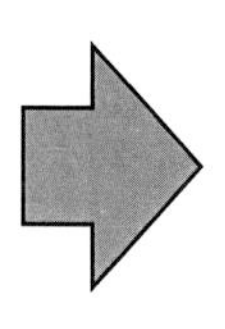

項目	輪郭度
規格値	11.0
上限規格値	11.2
下限規格値	10.8
Cpk	1.647

$\dfrac{10.925-10.8}{3 \times 0.0253} = 1.647$

今回の目標値を満足するためには、各要因の公差値を厳しくしなければならないと考えていたが、ホイール部品の面の輪郭度においては、逆に公差値を広げなければならないという結果となった。では、他の要因ではどうかを考えてみよう。

Check! 平均値と標準偏差

実測の生データがあれば、平均値と標準偏差を求めることができる。

平均値は、おわかりの通り、30 個のデータを足し合わせ、データ数で割った値である。では、標準偏差は、というと以下のように求められる（**図 4-32**）。

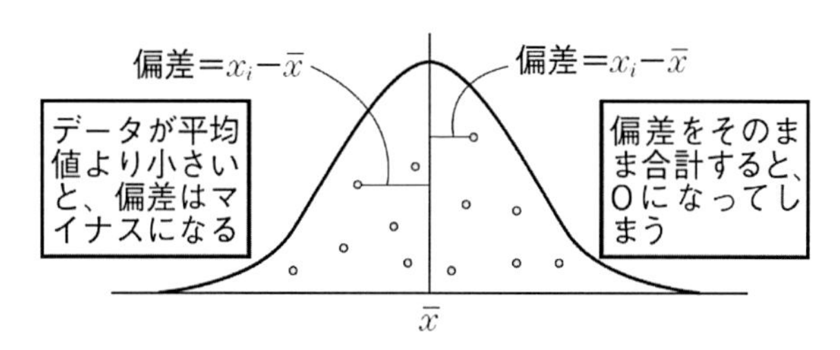
偏差＝$x_i-\bar{x}$
偏差＝$x_i-\bar{x}$
データが平均値より小さいと、偏差はマイナスになる
偏差をそのまま合計すると、0になってしまう
$\bar{x}$

図 4-32　標準偏差の求め方

① 30 個のデータすべての偏差（平均値との差）を求める。

②これら偏差を 2 乗して足し合わせた値をデータ数 n から 1 を引いた値（これを自由度という）で割る。

③偏差を 2 乗して計算したので、最後に平方根を取る。

これら①②③を式で表すと、次の通りとなる。

$$\text{標準偏差}\quad \sigma=\sqrt{\frac{\Sigma(x_i-\bar{x})^2}{n-1}}$$

Check! 幾何公差の工程能力の算出

今回の工程能力の算出方法は、30個のサンプルで8か所を測定したとき、8か所の中のMIN値とMAX値を取り出して、それぞれの工程能力を算出しましたね。

良いところに気づいたね。
その他にも、30個のサンプルにおける8か所のデータすべて(30個×8か所＝240個のデータ)の平均値と標準偏差から評価する方法などもあって、ケースバイケースで使い分ける方法があるね。

今回は、実測データを見てみたところ、上側規格に対する工程能力は余裕で、下側規格に対する工程能力が厳しいことがわかったので、MIN値とMAX値に分けて、厳しいほうで工程能力を評価する方法を取りました(**図4-33**)。

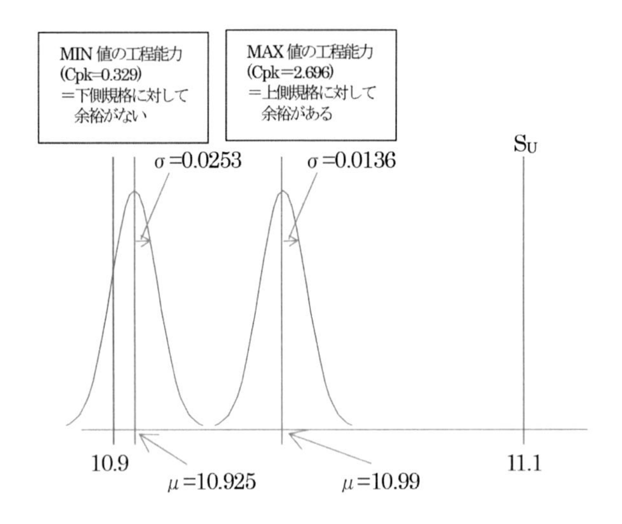

図 4-33　MAX 値と MIN 値から工程能力を算出

4.3.3 (2)　ホイール金具部品（金属プレス品）の工程能力の把握

次に、要因No.Aであるホイール金具位置決め穴からVR取付面に指示された面の輪郭度公差に基づく工程能力を算出する（**図4–34**）。

こちらの面の輪郭度公差については、面の輪郭度公差0.4が指定された▨部の範囲の中の4か所を指定して測定データを取得した。

測定結果は、**表4–9**の通りであった。

【測定した公差】

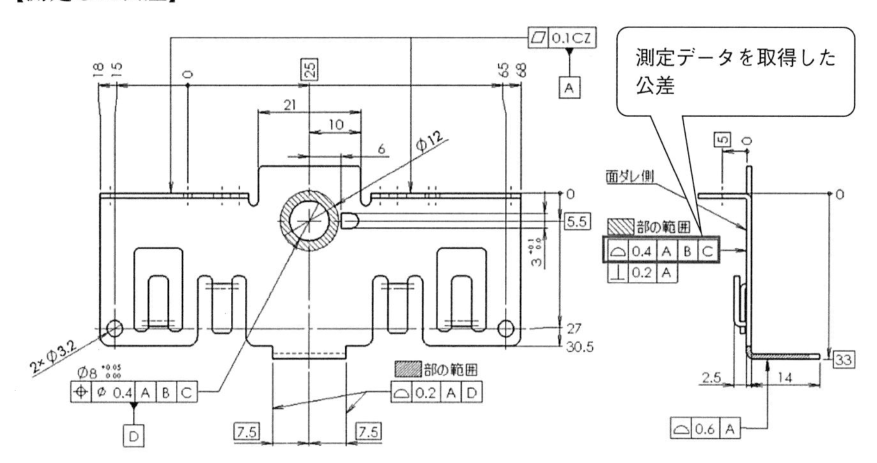

図4–34　ホイール金具部品において測定した公差

【測定結果】

表4–9　ホイール金具部品の測定から取得したデータ

項目	輪郭度
規格値	5
上限規格値	5.2
下限規格値	4.8
Cpk	10.833

この輪郭度測定の結果は、Cpk＝10.833となり、工程能力が十分であった。これは、ロータリーVRが取付く範囲のみを幾何公差指定したことにより品質管理がしやすくなったためと考えられる。そのため、この面の輪郭度公差は、0.4(±0.2)から0.05(±0.025)に変更することとした。もちろん、製造側とも十分

に協議した結果である。これによって、工程能力 Cpk は 1.111 となる（**表 4–10**）。

表 4–10　Cpk の結果から輪郭度公差を変更

項目	位置度
規格値	5
上限規格値	5.2
下限規格値	4.8
Cpk	10.833

↓

項目	位置度
規格値	5
上限規格値	5.025
下限規格値	4.975
Cpk	1.111

ちなみに、μ=5.005、σ=0.006　であった

4.3.3 (3)　ロータリーVR（購入品）の工程能力の把握

次に、要因 No.C のロータリーVR 軸先端からホイール突き当て基準までのサイズ公差 12±0.5 の工程能力を算出する（**図 4–35**）。これは、寄与率が最も高い公差であったため、この公差値を厳しくすることができれば目標達成には有利となる。ロータリーVR は購入品であるため、30 個のサンプル部品を購入し、受け入れ検査を行った。

【測定した公差】

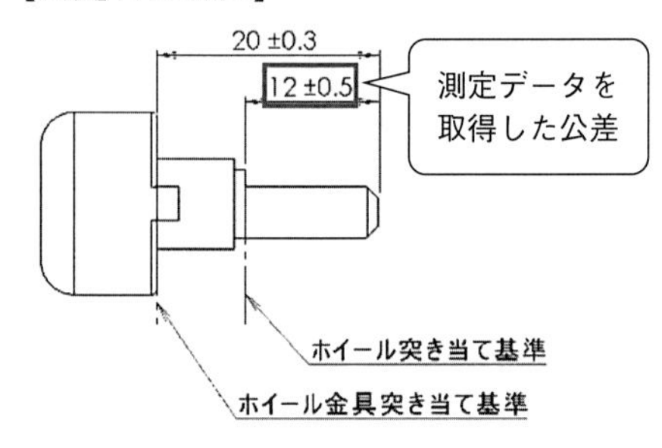

図 4–35　ロータリーVR 部品において測定した公差

【測定結果】

表 4–11　ロータリーVR 部品の測定から取得したデータ

項目	寸法
規格値	12
上限規格値	12.5
下限規格値	11.5
Cpk	14.953

この公差についても、Cpk＝14.953 と工程能力は十分であったため、公差値を厳しくしたいと考えた（**表 4–11**）。しかし、ロータリーVR は購入部品で、かつ、共用部品であるため、先述したホイールやホイール金具のように公差値を変更することはできなかった。このことから、購入品についても、同メーカーの承諾をもらった上で、部品の実測データを基に公差計算し、必要があれば、公差見直し

の要求をすることを今後の新規購入品における取組み課題のひとつとした。以上より、今回は、12±0.1でCpk＝1が保証された部品であるという前提で、公差計算を実施した。

このように、自分たちが設計する部品は公差を厳しく設定しているが、購入部品の公差は桁違いに大きい、というケースはよくあることである。そのようなときには、遠慮せずに購入部品側にも相談して、協力してもらうことは大きな効果をもたらす。また、こういった購入部品も、今後は幾何公差化されてくるはずである。「使う側」と「使ってほしい側」の情報交換の場（幾何公差はこれが重要）が増えることも、期待したいところである（**表4-12**）。

表4-12　測定結果から公差値を変更（購入品のため仮定とする）

項目	寸法
規格値	12
上限規格値	12.5
下限規格値	11.5
Cpk	14.953

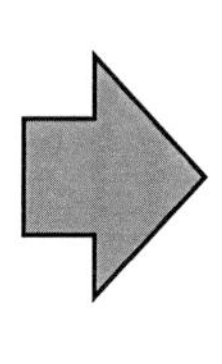

項目	寸法
規格値	12
上限規格値	12.1
下限規格値	11.9
Cpk	2.492

ちなみに、μ＝12.02、σ＝0.0107　であった

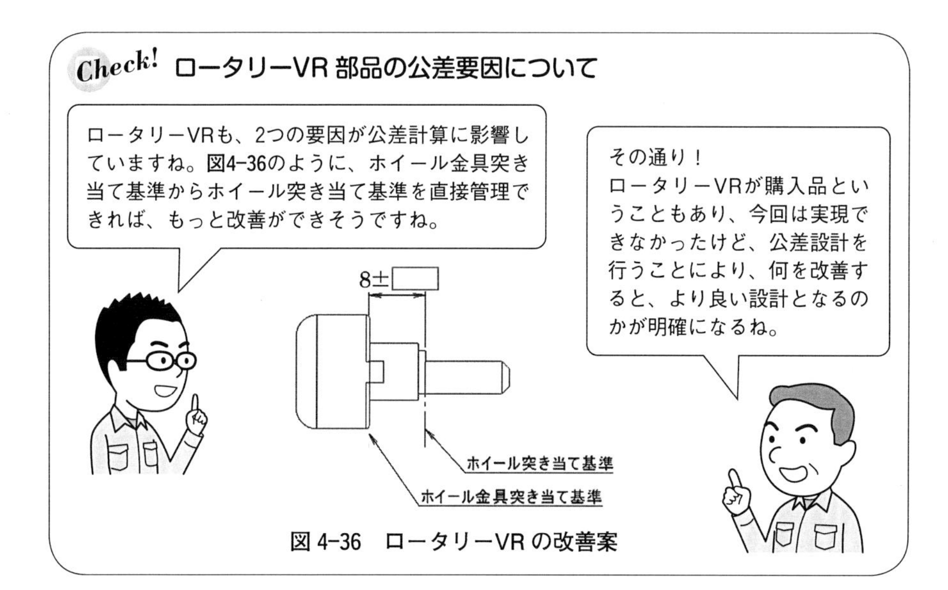

Check!
ロータリーVR部品の公差要因について
ロータリーVRも、2つの要因が公差計算に影響していますね。図4-36のように、ホイール金具突き当て基準からホイール突き当て基準を直接管理できれば、もっと改善ができそうですね。
その通り！
ロータリーVRが購入品ということもあり、今回は実現できなかったけど、公差設計を行うことにより、何を改善すると、より良い設計となるのかが明確になるね。
8±
ホイール突き当て基準
ホイール金具突き当て基準

図4-36　ロータリーVRの改善案

4.3.3 (4) 公差最適化後（改善案②）の公差計算結果

Step3 で改善してきた内容を元に、公差計算をした結果が、**図 4-37** の通りとなる。

公差計算書	製品名 ホイールユニット	ポイント： ホイールと筐体の隙間						
氏名	年月日							

No.	項目	寸法と公差	中心寸法と公差		係数	実効値		実効値
A	ホイール金具位置決め穴から VR 取付面	5±0.025	5	±0.025	1	0.025		0.00063
B	VR 取付面から軸先端	20±0.3	20	±0.3	1	0.3		0.09
C	VR 軸先端からホイール突き当て面	12±0.1	12	±0.1	1	0.1		0.01
D	ホイール突き当て面からホイール右側端面	11±0.2	11	±0.2	1	0.2		0.04
E	筐体位置決めピンからホイール取付穴右側端面	24.5±0.1	24.5	±0.1	1	0.1		0.01

説明図：

計算式：
Z＝E−（A＋B−C＋D）＝0.5

設計の考え方：

計算結果		
Σ計算	0.5±0.725	
√計算	0.5±0.388	

図 4-37　公差最適化後（改善案②）における公差計算結果

ここで、141 ページを参考に、今回の不良率も確認してみよう。

まず、K_ε の値を求めると、$K_\varepsilon = \dfrac{x-\mu}{\sigma} = \dfrac{|0-0.5|}{0.129} = 3.87$　となる。

※隙間 Z が 0 以下になってしまう確率を求めたいため、x は 0 となる
※μ は、隙間 Z の中央値 0.5
※Cp＝1 を前提としているため、σ の値は、0.388/3＝0.129

正規分布表（巻末の参考資料参照）から $K_\varepsilon = 3.87$ の値を見ると、0.0000544 となっているため、不良率は、0.0000544×100＝0.00544 %となる。

4.3.3(5) 結果の比較

表 4-13　結果の比較

	隙間	公差（√計算）	不良率（隙間が0以下になる確率）
従来図面	1.45	±0.844	算出せず
改善案①	0.5	±0.632	0.8894 %
改善案②（公差最適化後）	0.5	±0.388	0.00544 %

改善案②（公差最適化後）では、√計算で0.5±0.388となり、このときの不良率は0.00544 %（理論上、約20,000個作って1個が規格外れとなる）となる（**表4-13**）。

この結果を読者の皆さんはどのように判断されるだろうか。これで量産にGOをかけるか、NGとするか。公差設計で難しいのは、公差計算をすることではない。本当に難しいのは、出てきた結果によって、どのように判断し、どのように処置をするか、ということである。

さて、今回のケーススタディでは、どのように結論付けたか。今回は、最終的に、1/20,000個の不良ということで、当初目標を達成できたと判断した。この製品の量産台数を考慮すると、Cp＝1（すなわち3/1000個の不良）では、ロットサイズによっては、何らかの改善を要するが、1/20,000個の不良であれば、量産の実現の可能性が高いと判断したためだ。もちろん、その企業のポリシーや製品の市場における位置付けなど、様々な要因を考慮した上で判断される。

例えば、「0.5±0.388 だって?! 目標値に対して余裕があるじゃないか！もっと改善できるだろう」と判断する企業もあるだろう。確かに、今回の目的は隙間Zをできる限り小さくすることであるから、√計算上は、0.5の隙間を0.388まで詰めても良いという判断もある。またその他にも、「0.5±0.388なんて本当にできるの？公差計算の項目に抜け落ちはないの？」や「同じ製造工程の別製品の評価もしないと、工程能力指数を見誤ることになるかもしれないよ」というような議論が企業内で行われるようになることは、非常に重要であると考える。

最後に、寄与率についても考察しておこう。今回のケーススタディでは、要因

No.C（VR軸先端からホイール突き当て面）のような寄与率の大きい公差に見直しをかけるという観点で進めてきたが、最終的な公差計算結果（改善案②）では、要因No.A（ホイール金具の位置決め穴からVR取付面）の面の輪郭度公差0.05の寄与率が$(0.025^2/0.388^2)\times100=0.42$ %であり、他の要因と比べて小さいことから、もし製造上で公差が厳しいという声が上がるという場合には、もう少し公差を広げられる余裕があるということも、関係者で共有しておきたいところである。

4.3.3 (6)　改善案②の効果を確認

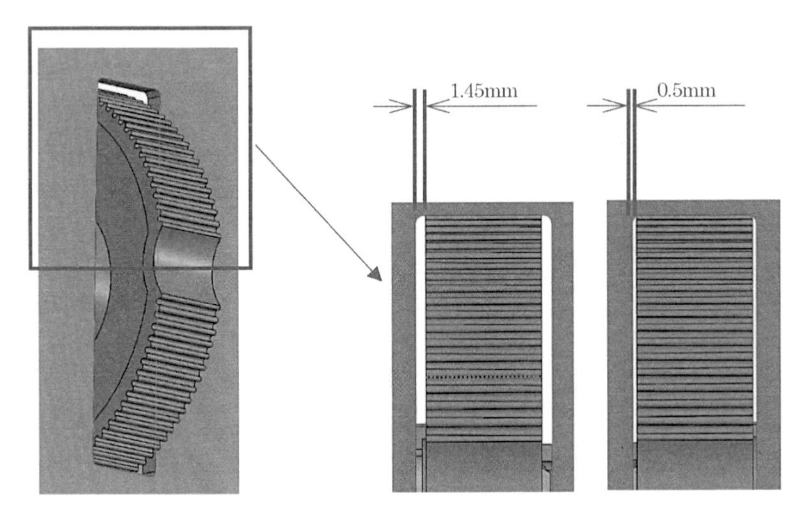

図 4-38　公差最適化後（改善案②）の効果を確認

今回のケーススタディでは、1.45 mmであった隙間を0.5 mmまで小さくしても十分な工程能力で管理できる、という成果が得られた（**図 4-38**）。

これまで述べてきたように、今回の成果を得るためには、「公差設計の実施」→「幾何公差の活用」→「幾何公差の検証測定」→「公差の最適化」という公差設計のPDCAを確実に実施することが必要であった。

今回の取り組みを通じて、設計者と製造現場で何回ものすり合わせを行うことで、以下のような大きな成果も得られた。

・測定基準をデータムによって明確にすることで、設計意図通りに測定してもらうことができた（測定の信頼性、再現性が高い）

・設計者が、幾何公差を介して、製造、測定の担当者に、設計意図を伝える体

験ができた
・購入部品に対しても公差の追求の重要性を再認識した

これと同時に、設計者には公差設計手法と幾何公差の活用方法の教育が、また、図面を受け取って、生産に向けた準備を担う関係者には、幾何公差図面の読み方、測定方法の教育が必須要件となることも明確となった。ヤマハ株式会社では、今回のようなGD&Tのスキル習得に向けた様々な取り組みを展開している。

ケーススタディ資料提供者：ヤマハ株式会社　小林雅彦氏

本書にてご紹介いただいた私どもの活動は、1年をかけて、目標の工程能力指数を満足し、かつ バランスの取れた公差設計を土台とした上で、寸法公差だけでは設計意図が伝わりにくい箇所へ幾何公差を適用することによって、図面の受け手（製造部門・調達部門・測定部門など）に設計意図が正しく伝わるかどうかを実地検証したものです。そして、この活動以降、製造工程の評価指標である工程能力指数を念頭に置いた公差設計を標準とし、重要な箇所の公差については、設計者らによる公差計算書のレビューを行うことで、設計公差に起因する問題点を未然に防止できるようになりました。さらに、幾何公差の導入についても、専門家による実践演習を含めた社内セミナーに加えて、課題や疑問の生じた幾何公差図面を設計者が自ら持ち込み、議論できる機会を設けたことで、幾何公差設計のメリットを活かした図面が徐々に増えています。

今回、金型を起こして量産用設備で製作した製品を検証し、設計公差にフィードバックするまでの一連のプロセスを実践できたことで、これに直接関わった設計者はもちろんのこと、その成果を共有した設計者にとっても多少なりとも自信になったと確信しています。それを物語るように、現在、他製品にも、このプロセスが展開されていますので、引続き、自分たちにマッチしたGD&Tの実現に向けた取り組みをしていきたいと思います。

4.4 ガタとレバー比

実際の設計では、部品を組み付けるときに生じるガタの影響を考慮しなければならないことが多い。

図 4-39 は、ガタの説明をしている。ガタ G とは、穴（穴径 A）とピン（ピン径 B）で位置決めを行うような場合、次の式となる。

$G = (A - B)/2$

長穴（図中※）を用いた場合は、穴幅 A' とピン径 B で決まる。

$G' = (A' - B)/2$

図 4-40 は、レバー比の説明図である。レバー比 L とは、支点からの距離の比率であり、次のように表される。

$L = L_2/L_1$

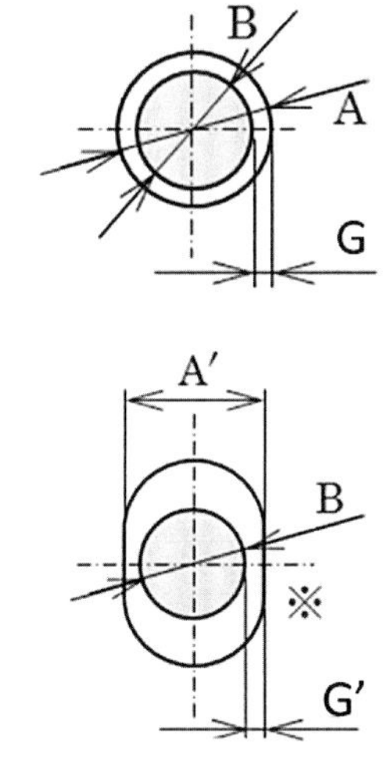

図 4-39　ガタの説明図

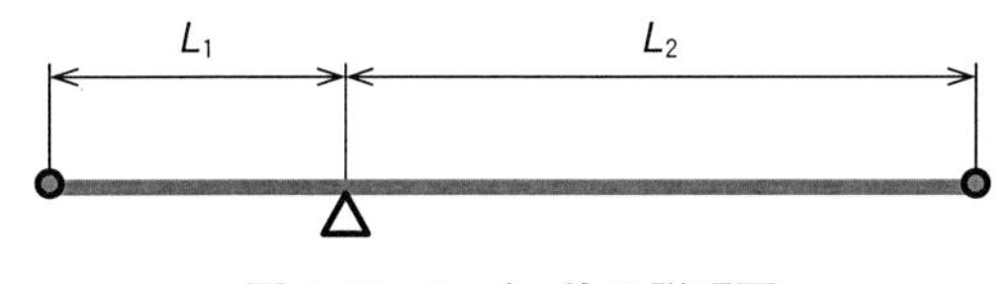

図 4-40　レバー比の説明図

ガタとレバー比の代表的なものとして、**図4-41**は上下の2つの穴とピンで位置決めをしている指針の例である。

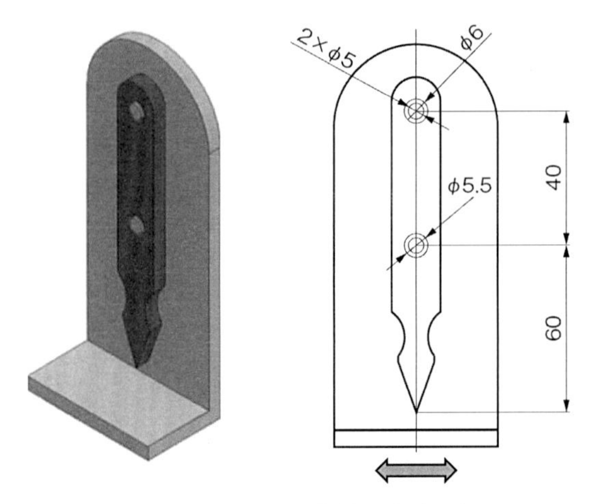

図4-41　ガタの影響で指針の先端が振れる

まずは一番簡単な例として、ガタとレバー比だけの計算をしたい（公差の影響は考えない）。上下の穴とピンの間にはガタが存在するため、そのガタの影響で指針先端が左右に振れる。では、このときの最大の振れ量はどうなるだろうか。計算が難しいという方は、**図4-42**にその計算過程を説明しているので参考にしてほしい。

図4-42(a)は、上下のガタが同時に振れている状態である（実際にはこう振れる）。こういったケースの場合は、上下を分けて計算することを勧めたい。同時に振れても計算ができる人でも、今後のあらゆるガタとレバー比の計算をやりやすくするために、分けて計算する方法をお勧めする。図4-42(b)は、上側を固定して下側のガタだけを振っている状態であり、図4-42(c)は、下側を固定して上側のガタだけを振っている状態である。上下それぞれの穴径とピン径の差はスキマであり、ガタはその半分である。

つまり、上部のガタは、

$(6-5)/2=0.5$

また、下部のガタは、

$(5.5-5)/2=0.25$　　である。

注）実際の設計では、このガタは上部・下部ともに同じ値にするが、計算の仕方を説明するためにあえて変えている。また、下部の穴を図4–39のような長穴にした場合も同様に計算できる。

部品先端位置に現れるガタの影響は、それぞれのレバー比で拡大される。レバー比とは、支点からの距離の比率である。

下側のガタによる部品先端位置への影響 β_1 は、

0.25×100/40＝0.625（レバー比＝100/40）

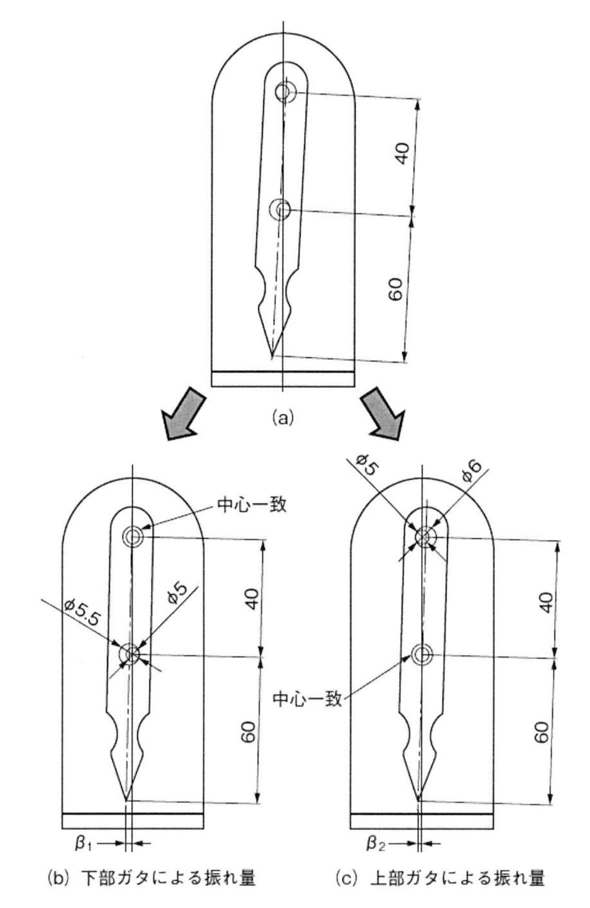

図 4–42　ガタを 2 つに分けて計算する

上側のガタによる影響 β_2 は、

$0.5 \times 60/40 = 0.75$（レバー比 $= 60/40$）

となる。

ガタの影響は、この両者の和であり、指針先端の最大振れ量は、

$0.625 + 0.75 = 1.375$

である。

ここまではガタとレバー比のみの単純計算だが、指針先端位置での公差計算はこれだけでは終わらない。さらに、各部品のピン径と穴径の公差および幾何公差の値に、それぞれの係数（レバー比）を掛けて計算することとなる。これらは設計者の意図および周辺構造に大きく影響されるため、実際の設計場面において十分な考察が必要となる。

第５章　測定結果のフィードバック【ケーススタディ公差設計】

ここでは、第４章のケーススタディで行った、公差の最適化を実現するための工程能力把握での測定（接触式３次元測定機（CMM）使用）の流れについて紹介する。また、マスターワークを使った、非接触３次元測定の流れについても解説する。

5.1 測定結果のフィードバック

5.1.1 ケーススタディ用ワークについて

公差設計における公差の最適化を実行するにあたり、今回はホイール部品（**図 5-1**）について測定を行う。

このホイール部品はヤマハ株式会社様にご提供いただいたもので、デジタルキーボードのボリューム制御用のホイールである。

第4章のケーススタディでは、このホイールの両端面の輪郭度について、それまで指示していた公差値が妥当であるかを検証するため、評価用サンプルを実際に測定し、Cpk の値を根拠に公差値を改善した。では3次元測定は実際どのように行うのだろうか？

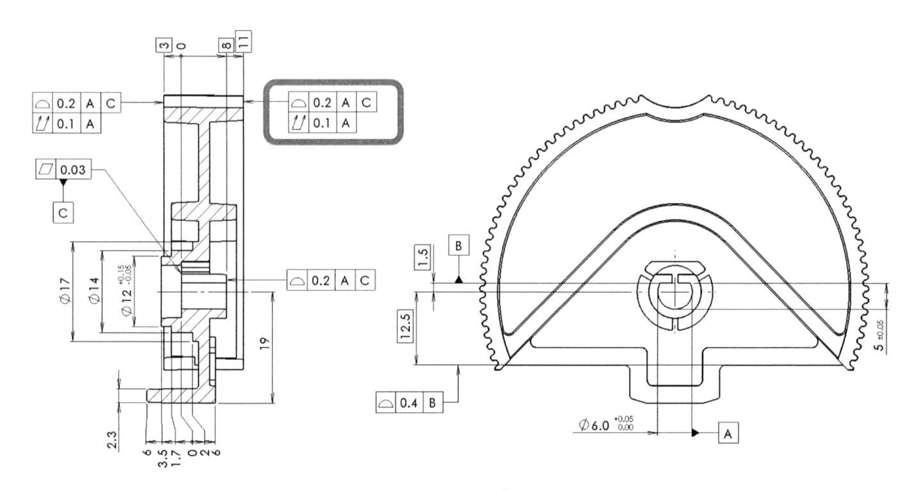

図 5-1　ホイール部品図面

5.1.2 測定計画を立てる

測定に先立っては、測定計画を立てなくてはならない。何も計画せずにいきなり測定しても、信憑性のある測定結果は得られないし、次のアクションにつなげることもできない。

そこで、測定計画を立て、計画の内容を示した指示書を作成する。この指示書の名称を本書では、「測定指示書」としている。

図 5-2 に示したのは測定指示書の一例である。この測定指示書には、以下の内

測定指示書

頁 1 ／ 1

測定物名称	ホイール			作成日	202X/XX/XX	担当者名	
型式	ABCD01-EF001G	材質	ＡＢＳ	測定日時	202X/XX/XX　Y:00　～　Z:00		
図面番号	H1000-K2345-1			測定場所	第○測定室		

概要

デジタルキーボードのホイールユニットについて、現状のホイールとパネルの隙間を、新たな設計目標値に収めるにあたって、ホイール端面の面位置精度の工程能力を確認し、指示公差の妥当性を検証する。

測定概要

データムA･B･Cで形成される座標系において、図示したポイント8か所を個数分測定し、部品毎の最大値と最小値を測定結果に記載する。結果からMAX側、MIN側のCpkを算出し、値の小さい方を最終的なCpkとする。

※輪郭度測定だが、今回は測定寸法の生データを使用する。

基準位置及び測定位置

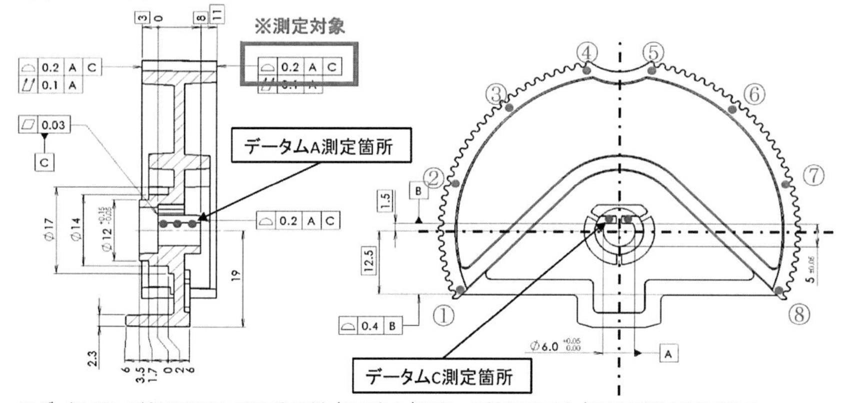

※ データムAは、1断面の円周上の5か所の測定点から中心点を出し、3断面分の中心点から基準軸を設定すること。

※ データムCは、図中指示位置2か所の点の中点を基準とすること。

測定条件

測定機器	接触式3次元測定機(CMM)		メーカー	
			型式	
測定時温度	℃	湿度	%	
その他測定環境指示	ワークは測定室にて○時間以上保管後に測定すること。			
測定物固定方法	別紙写真資料に基づいて固定			
測定数（個）	30			

図 5-2　測定指示書の例

※第4章の図面では省略しているが、データムC測定箇所は元図面でデータムターゲットに指定されているので2点取りとしている。

容を盛り込む。

① なにを測定するか
　ワークの名称・型式・図番・材質・ロット No. など
② なぜ測定するか
　測定の目的・経緯など
③ どこで測定するか
　測定する場所・外注の場合は会社名など
④ いつ測定するか
　測定する年月日
⑤ 誰が測定するか
　担当者名・上長の名前
⑥ どうやって測定するか
　使う測定機の名称・型式、ワークの固定方法、測定箇所、測定時の周囲環境

①～⑥の内容を明確に記載することで、誰でも同じワークを同じ条件と方法で測定検証できるようにする。これは、開発段階においては要求精度に寄与するパラメータの抽出に役立つ。

例えば今回のホイール部品の場合、成形条件を１つ変更することによって測定部分の精度がどう変化するかを調査するには、変更の前と後でまったく同じ測り方をしなければ比較ができない。

開発段階において、測定結果の評価が必要な場面はとても多く、そのときの測定指示書は設計者が作成する。なぜなら、図面通りにできているかを確かめる手段を、公差という形で図面に記載しているのが設計者だからである。

※今回の指示書はあくまで一例であり、書式や内容については適切に変更していただきたい。

5.1.3　測定の流れ

指示書が完成したらいよいよ測定開始となる。測定機の操作担当者に指示書を渡し、想定した手順に則って測定してもらう。

ここでは、接触式３次元測定機（CMM）を使った測定の流れを紹介する。

5.1.3(1)　ワークの固定

キャリブレーションなどの前準備を終えた測定機にワークをセットする。固定の目的は、測定時にワークが動いたり歪んだりして測定結果が不安定になることを避けるためである（**図 5-3**）。

今回は汎用のブロックを使用した固定方法を採用しているが、固定が難しい形状であったり、測定個数が多い場合には、専用の固定治具を製作して安定性と測定工数の向上を図るとよい。言い換えるなら、汎用の固定治具だけで簡単に固定できる製品は、測定工数・コストの点で有利であるとも言える。

不安定な形状は測定・評価の難易度を上げ、品質保証部門に負荷をかけてしまうことがある。製品の機能、外観、加工方法、コストなどの条件が許す限り、安定した固定が可能な形状で設計することをお勧めする。

図 5-3　ワークの固定

5.1.3(2)　基準（データム）を設定する

図面にはデータムが指示されている。この情報を測定機に教えるのが基準設定の作業である。今回の例では、第１次データム A がワーク中心の穴で、第２次データム C がホイール基準面となっている。ここにプローブを当てる（**図 5-4**）ことで、機械側に中心軸と基準平面がどこなのかを認識させる。

※今回は平らな平面の位置を見るため、回転方向の基準はなくても構わない。

図 5-4　データムの設定

指示書通りにプローブを当てることで、評価システムによって表示手法の違いはあるが、**図 5-5** のような基準軸と基準面が画面上に形成される。

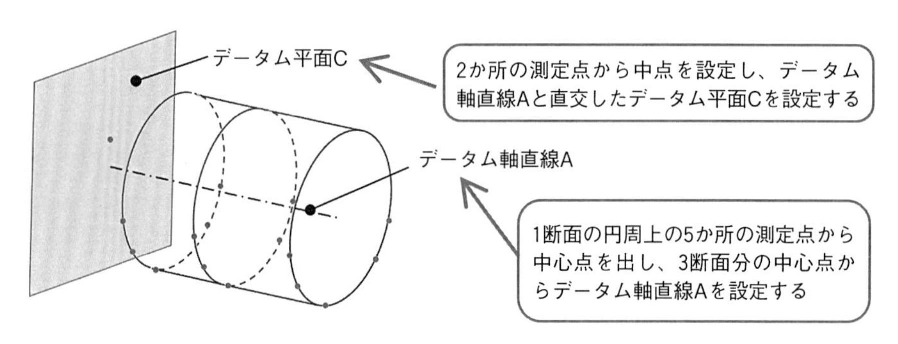

データム平面C
2か所の測定点から中点を設定し、データム軸直線Aと直交したデータム平面Cを設定する
データム軸直線A
1断面の円周上の5か所の測定点から中心点を出し、3断面分の中心点からデータム軸直線Aを設定する

図 5-5　装置の評価システムで可視化した基準軸・基準面（イメージ図）

5.1.3 (3)　測定箇所を測定する

いよいよ測定したい部分を測定する。

指示書と同じポイントにプローブを当て、座標値を測定する（**図 5-6**）。もっと厳密に指示したい場合は、指示書に測定ポイントの位置座標も記載する。

図 5-6　測定の様子

5.1.3 (4)　測定結果のアウトプット

測定が終われば結果を出力させる。今回は X の座標値（**図 5-7**）が測定結果となる。

測定結果の出力は測定機によって異なる。今回は測定座標値をそのまま公差設計の改善に使用しているが、測定機によっては、幾何公差としての測定値を直接出力してくれる評価システムもある。自分にとって必要な数値データを得られる方式で結果を出力してほしい。

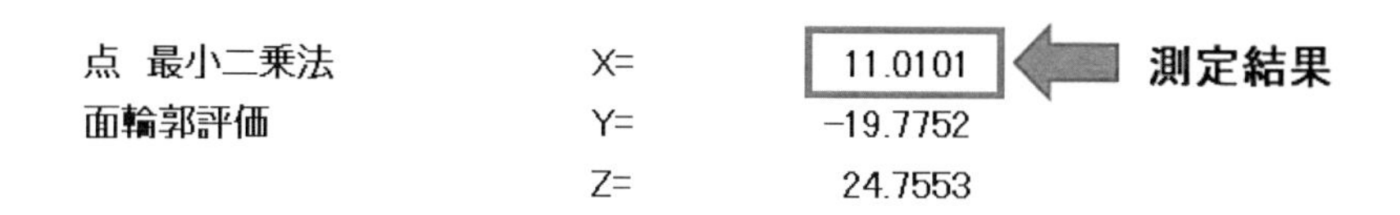

図 5-7　測定点 8 か所のうち 1 か所の測定結果

ここまでの作業を、測定するワークの数の分だけ繰り返し、測定結果を集約する。**表 5-1** は第 4 章 4.3.3 項で 30 個のワークを測定した結果を集約したものである。

こうして得られた結果から Cpk を算出し、公差値の妥当性検証と最適化へとつなげていくことができる。

表 5-1　ワーク 30 個の測定結果（第 4 章　表 4-7 の再掲）

No.	MIN	MAX	No.	MIN	MAX	No.	MIN	MAX
1	10.90	10.96	11	10.90	11.01	21	10.94	10.99
2	10.91	10.97	12	10.97	10.98	22	10.91	11.00
3	10.94	11.00	13	10.92	11.01	23	10.93	10.99
4	10.96	10.98	14	10.94	10.96	24	10.91	10.98
5	10.90	11.00	15	10.95	10.97	25	10.90	10.99
6	10.90	10.98	16	10.90	10.98	26	10.97	11.01
7	10.91	10.99	17	10.91	11.00	27	10.92	10.98
8	10.90	10.99	18	10.95	10.98	28	10.96	11.00
9	10.93	10.98	19	10.90	10.99	29	10.97	10.98
10	10.95	11.00	20	10.90	11.00	30	10.90	10.98

ここで、今回のホイール部品の測定に際しては、表 5-1 の測定結果はすべてヤマハ株式会社様が実測されたものである。また、本書にて測定の様子を執筆するにあたって、山梨県産業技術センター様にご協力をいただいた（3 次元測定機、固定治具および写真等）。いつも測定に際して、親切に対応していただいている。この場をお借りして、御礼を申し上げたい。

5.2 非接触3次元測定の流れ

近年、非接触式3次元測定機は運用性が上がっており普及が進んでいるが、いったいどのように測定評価をしているのだろうか？

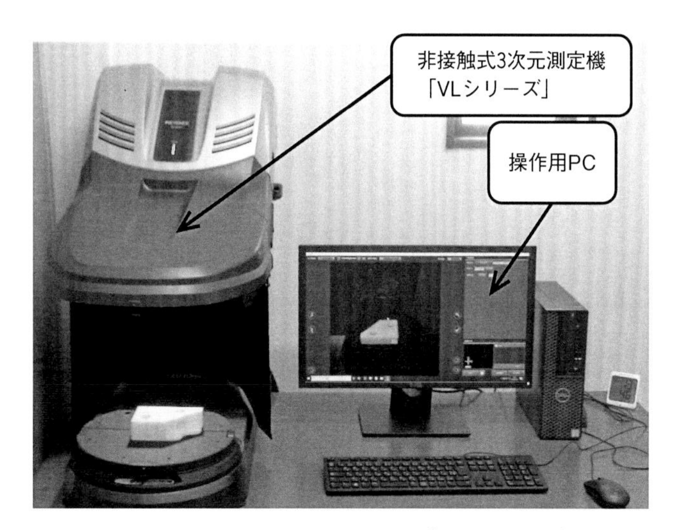

図 5-8　非接触式3次元測定機「VL シリーズ」

今回は**図 5-8** に示すキーエンス社製の非接触式3次元測定機「VL シリーズ」を使用し、**図 5-9** に示した図面のマスターワークについて幾何公差の測定、評価結果をアウトプットするまでの一連の流れを紹介する。

このマスターワークは関西職業能力開発促進センター様と共同開発した幾何公差教育用教材で、ほぼすべての幾何公差の測定ができる。

※測定機・評価ソフトウェアによって手法は様々あるので、あくまで一例として捉えていただきたい。

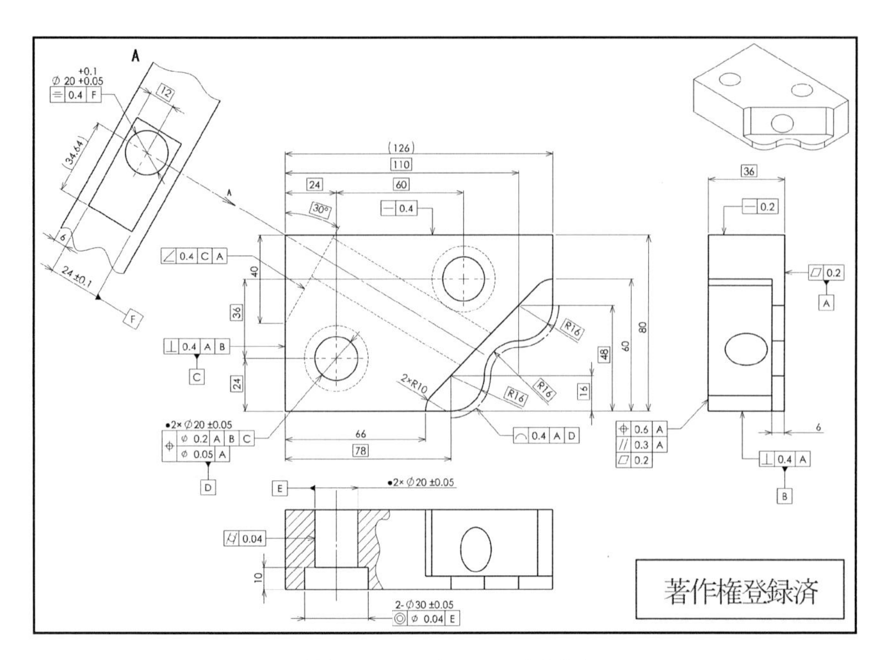

図 5-9　マスターワーク図面

5.2.1　測定物の撮影

非接触式3次元測定機は、被測定物を全方向から撮影・合成することで、PC上にワークの現実の形状をモデルとして再現し、サイズや幾何公差の測定を行う。

撮影されたデータは、まず膨大な測定点の集合体として取り込まれる。接触式の3次元測定機はワークにプローブを当てて測定点を1点取得するが、この測定点が膨大に多いと捉えていただければ良い。この点はそれぞれ座標値を持っており、この座標値を基にPC内で計算が行われることで、面や軸が評価ソフトウェア上で定義できるようなる。

※今回の事例では、定義している平面などは最小二乗法計算によって導き出されている。
　計算方法は評価ソフトの種類・設定によって異なる。

この方式の利点としては、次のようなものがある。

○　精密な固定治具が不要
○　接触式と違ってプローブ等の高価格パーツ破損の危険が生じにくい
○　撮影したモデルがある限り何度でも追加測定や測定のやり直しが可能
○　CAD で作成した 3D モデル（理想形状）と比較できる
○　モデル照合の場合は評価時に設計値寸法の再入力が必要ない場合が多い

撮影時に厳密な固定は必要なく、その部品の基準の形状と、測定したい形状が正確に撮影できるかどうかが重要である。

デメリットとしては、現状では以下のようなものがある。

×　一般的に CMM 等に比して測定精度は低い（±10 μm 程度）
×　深い穴や溝など、カメラが撮影できない場所は測定できない
×　光を当てて撮影する特性上、以下の素材はそのままでは測定できないため、反射防止スプレーの塗布が必要になる
　①　切削加工品や鏡面仕上げの部材など、乱反射してしまう素材
　②　黒色の反射しにくい素材
　③　ガラスや透明アクリルなど、光を透過する素材
×　小さな穴や溝は、撮影後にモデル化する際につぶれてしまう（※どの程度でつぶれるかは機種によって異なる）

Check! 幾何公差教育用教材が厚生労働大臣賞受賞！

2018年に開催された「第24回　職業訓練教材コンクール」（主催：厚生労働省、独立行政法人高齢・障害・求職者雇用支援機構、中央職業能力開発協会）において、独立行政法人高齢・障害・求職者雇用支援機構大阪支部 関西職業能力開発促進センター様とプラーナーで共同開発した教材が厚生労働大臣賞（特選）を受賞した。その受賞を記念して受賞者の一人である鈴木様のインタビュー記事が公開されているため、その一部を抜粋して紹介する。（インタビュアー：教材コンクール事務局）

受賞作品：幾何公差測定品とテキスト教材一式
受賞者：鈴木　勝博、西村　友則、杉本　義徳、市川　正美
（独立行政法人高齢・障害・求職者雇用支援機構大阪支部 関西職業能力開発促進センター）
栗山　晃治（株式会社プラーナー）

厚生労働大臣賞（特選）の受賞おめでとうございます。受賞されたお気持ちをお聞かせください。

大変光栄に思っており、大変うれしい次第です。また、本教材の作成および教材コンクールへの応募にあたり、ご支援頂きました関係者の皆様には、心より感謝しております。

今回の受賞作品の教材はどのようにして誕生したのでしょうか？　教材誕生の経緯（きっかけ）について教えてください。

以前より、ポリテクセンター関西では、関西圏近郊の企業ニーズに基づき機械設計者向けに設計意図を的確に表現し、かつ作り手側はその意図を的確に解釈するために図面の曖昧さを排除できる幾何公差について、「幾何公差と位置度公差方式の解釈と活用実習」というコースを独自に開発してセミナーを実施していました。

受講者アンケートでは満足頂いている一方で、「幾何公差のイメージがつかめない。」「幾何公差をもっと詳しく知りたい。」「幾何公差を図面に入れるのは簡単だが、どうやって測定するのか？」などが寄せられていました。この両極端の差は、普段から幾何公差を使用している方と今後のために学びに来た人の差ではないか？と分析しました。

そこで、前段階のセミナー「機械設計者のための3次元測定技術（幾何公差編）」というコースを独自開発することで、教材開発に至りました。

この教材の創意工夫した点は何ですか？

設計・製図分野は、日本工業規格（JIS）に則っているため、実習というよりは講義が主体になることが多いです。設計・製図分野の幾何公差だけに絞り、前半は講義を中心とし、後半は3次元測定機による幾何公差測定実習を行うことで、2日間で習得して頂けるように教材を開発しました。

また教材を開発するに当たり、測定物を製作する必要がありました。1つのワークで、ほぼすべての幾何公差を測定することができるように工夫しました。

大きさ、形、材料など試行錯誤した結果、今回の形状になりました。

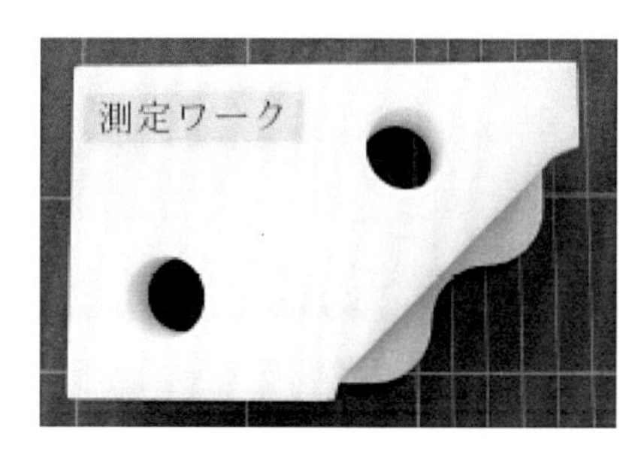

3D プリンタで製作した測定物

教材を使った際の訓練効果について教えてください。

通常、3次元測定機を使用したセミナーの場合、金属材料を精密に切削した測定物を測定します。すると、当たり前ですが全ての測定箇所が合格になります。

そこで、3D プリンタでの製作を検討しました。3D プリンタは 0.1 mm 単位で積層をするためバラツキが大きく、測定方法や測定部分によって、不合格になります。受講生からすると、すべてが合格品よりは、合格部分や不合格部分があることで、より一層の理解度が高まることをねらいました。

教材を作成する上で一番苦労したのは？

形状と大きさですね。3次元測定機メーカーでも、いろいろな測定物を販売していますが、何もないところから、幾何公差をすべて網羅した最善の形と大きさは、なかなかできません。

今後も試行錯誤して、改善を図りたいと思います。

出典：“厚生労働大臣賞（特選）受賞者インタビュー”
独立行政法人高齢・障害・求職者雇用支援機構　職業能力開発総合大学校　基盤整備センター
http://www.tetras.uitec.jeed.or.jp/development/2018/1219 （参照 2020-3-25）

今回測定に使用した測定機はターンテーブルがついており、1回の撮影で自動的に360度撮影可能である。底面や陰になって映らなかった部分は、置き方を変えて再度撮影する（**図5-10**）。

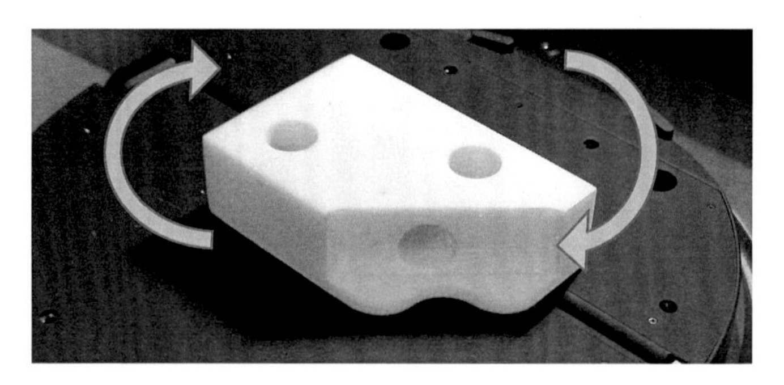

図5-10　ターンテーブル

5.2.2　撮影モデルの合成

必要な形状をすべて撮影し終えたら、撮影モデルの合成を行う。合成は、2つの撮影モデルに共通する形状同士を指定して合わせることで、欠損部分のないデータに合成する。**図5-11**には、同じワークを別の方向から撮影した2つデータが写っている。この2つのモデルには共通する形状（ここでは面）が含まれており、測定者はどれが共通する形状（面）同士なのかをPC上で指定する。このとき、2つの撮影データを縦方向・横方向・高さ方向それぞれがズレなく合うように合成

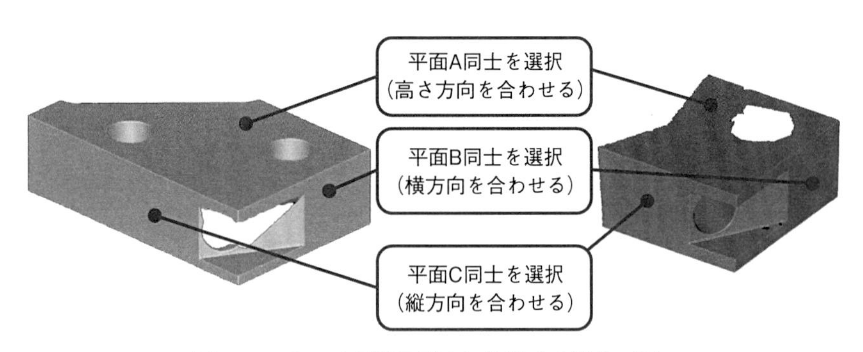

図5-11　2つの撮影モデルに共通する形状（面）

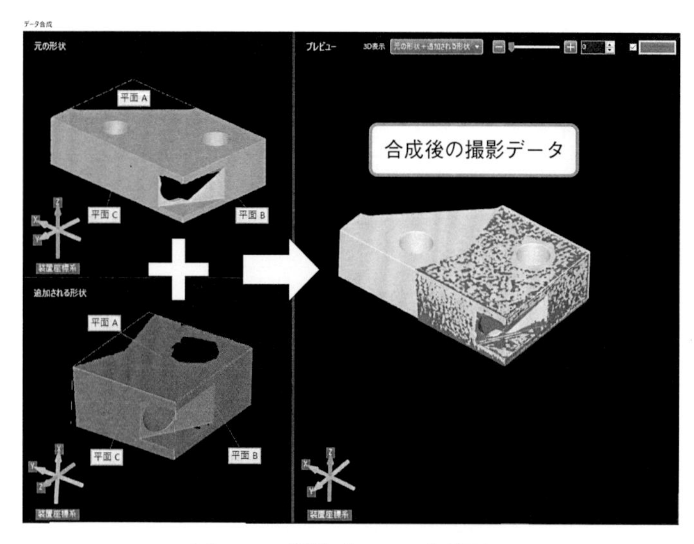

図 5–12　撮影データの合成画面
(使用ソフト：キーエンス VL シリーズアプリケーション)

しなければならないため、撮影時はあらかじめ、3つの方向で共通する形状が写るように撮影しておく必要がある。**図 5–12** は合成後の状態である。

今回はすべて平面同士で合わせていったが、同じ円筒面同士で合わせたりすることも可能なので、穴や軸の撮影モデルも合成できる。2つの撮影モデルで撮り切れなくても、合成後に3つ目以降のモデルをさらに合成していくことができる。

他の機種では、マーカーシールをワークに張り付け、シールを目印に合成を行うものもある。

5.2.3　幾何公差の測定・評価

合成した撮影モデルをソフトウェアで評価をするにあたって、まずやっておかなければならないのが、CAD モデルとの基準合わせである。理想形状からの偏差を明らかにするには、両者の基準がぴったり合っている必要がある。

今回は測定・評価を外部ソフトで行っている。撮影したモデルは STL 形式に変換して中間データを出力することで、外部の評価ソフトウェアで評価することも可能である（評価システムが測定機とセットになっているものもある）。

5.2.3(1) 基準合わせ

ソフトウェアで行う偏差の評価方法にはいくつか種類がある。

主なものでは、CADモデルと実測モデルの偏差の合計が最小になるように自動的に位置を合わせる方法（ベストフィット）、2つのモデルそれぞれに設定した3平面データム系を合わせて偏差を見る方法、部分的にデータムを合わせてからベストフィットを行う方法がある。

今回は3平面データム系同士を合わせる方法で評価を行っている。**図5-13**は撮影モデルのデータム系の設定画面である。また、**図5-14**はデータム平面の作成手順を示す図である。それでは、3平面データム系の作成手順を説明する。

まずデータム1にデータム形体Aを選択することで、データム平面Aが作られる。このデータム平面Aは、データム形体Aの測定点から最小二乗法計算によって導き出された平面である。

次にデータム2にデータム形体Bを選択する。データム形体Bの平面は、データム形体Bの測定点から最小二乗法計算によって導き出された平面であるので、データム平面Aと直交するとは限らない（図5-14(a)）。そのためそのままデータム平面Bとすることはできない。データム平面Bは、データム形体Bの平面とデータム平面Aの交線上に、データム平面Aに直交するように作られる（図5-14(b)）。

最後にデータム形体Cを選択する。データム形体Cの平面も、データム形体Cの測定点から最小二乗法計算によって導き出された平面である。この平面も、データム形体Bと同様で、データム平面A・Bと必ずしも直交していないため、そのままデータム平面Cとすることはできない（図5-14(a)）。データム形体Cの

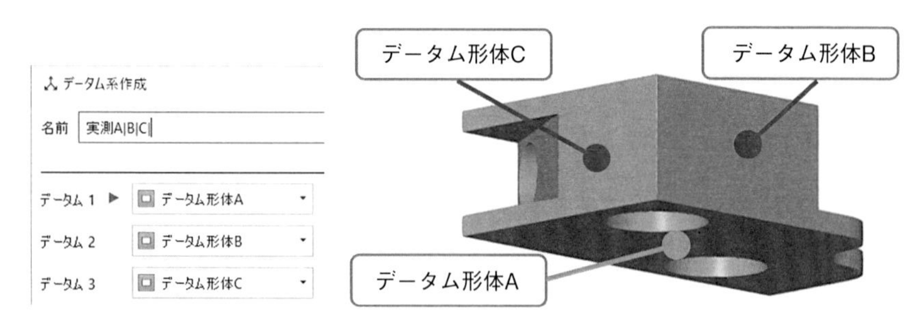

図5-13 3平面データム系の設定（評価ソフト：GOM Inspect）

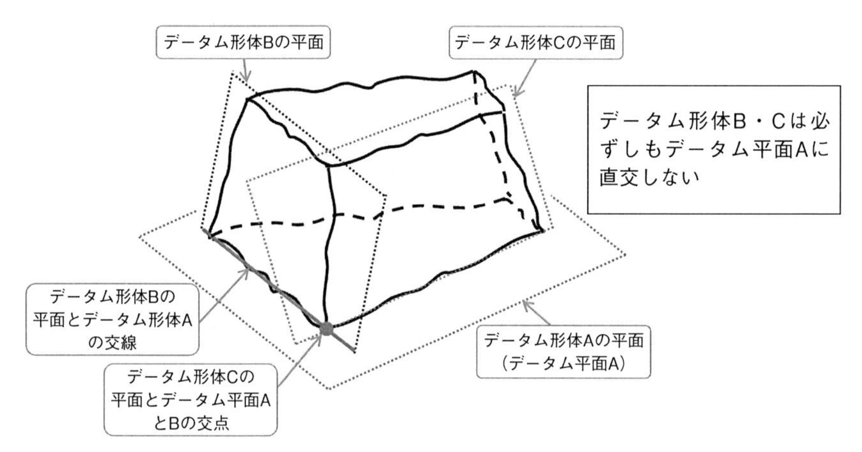

(a) 撮影モデルのデータム形体

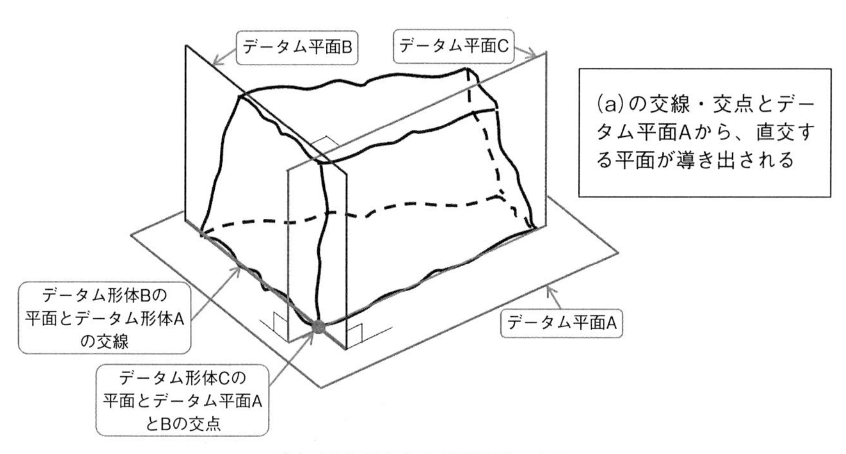

(b) 導き出された3平面データム

図 5–14　撮影モデルへのデータム平面の作成

平面と、データム平面 A・B との交点ができるので、その交点を含みデータム平面 A・B に直交するデータム平面 C が作られる（図 5–14(b)）。

これでデータム平面 A に直交するデータム平面 B、A と B に直交するデータム平面 C ができ、3 平面データム系が撮影モデル上に構築される（**図 5–15**）。CAD モデル側は理論的に正確な形であるため、データム平面 A・B・C がそれぞれどこなのかを指定するだけでよい。

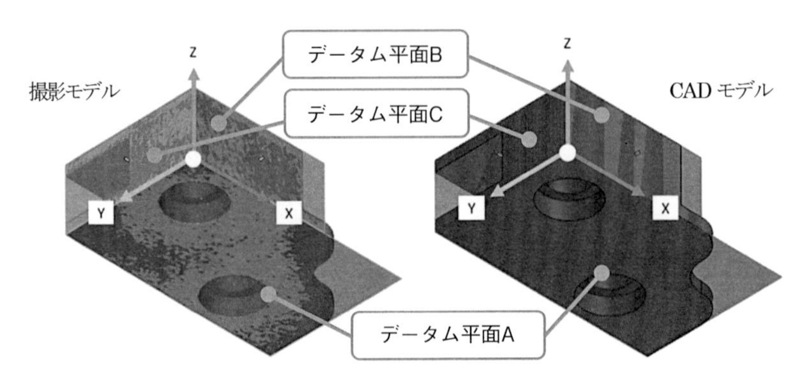

図 5-15　3 平面データム系の構築（イメージ図）

両方にデータム系が構築できたら、2つのデータム系を一致させる（**図 5-16**）。これにより、幾何公差の基準合わせの第一段階が完了した。

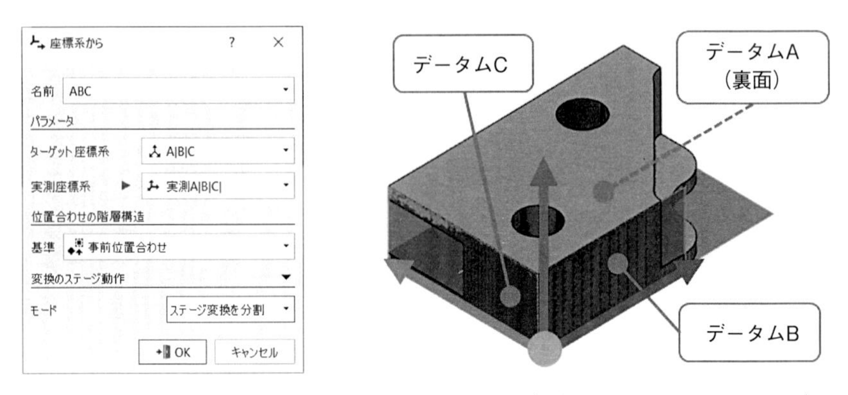

図 5-16　CAD モデルと実測モデルの基準合わせ（評価ソフト：GOM Inspect）

今回の図面では、線の輪郭度がデータム平面 A・B・C ではなく、データム A とグループデータム D によって定義されているので、基準合わせの第 2 段階として 3 平面データム系をもう 1 つ設定する必要がある。データム D は ϕ20 の穴の 2 つの軸直線に指定されているので、平面 1 つと穴の軸直線 2 つを使用して 3 平面データム系を構築する（**図 5-17**）。グループデータムの座標系については第 3 章 3.3.4（4）を参照してほしい。

データム平面Aは前回と同様に設定を行う。グループデータムDは、まず2つの穴の軸線とデータム平面Aの交点2か所を結んだ線（※）を選択する。すると結んだ線を含み、かつデータム平面Aに直交する平面が作られる。次に2か所の交点の中点（※）を選択すると、中点を含み、かつ2つのデータム平面に直交する3つ目の平面が作られ、3平面データム系が構築される。線の輪郭度評価では、こちらの3平面データム系でCADモデルとの基準合わせを行う。

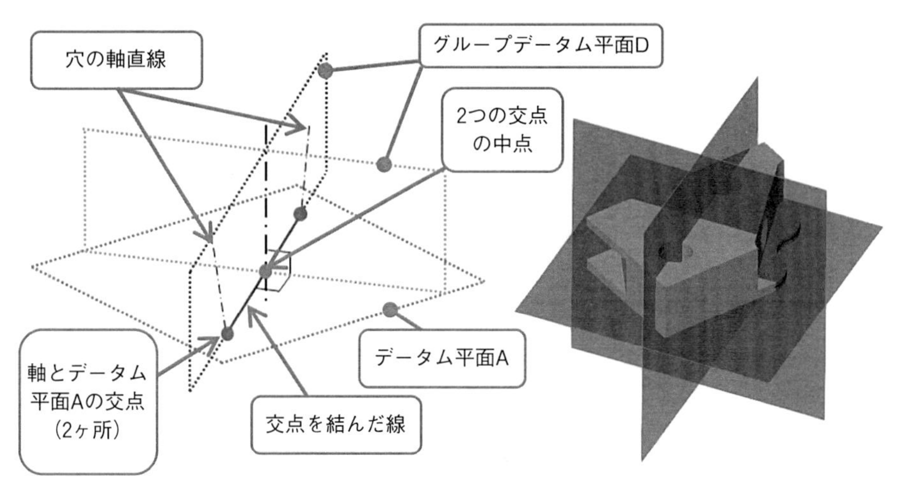

図5-17　グループデータムの座標系

※評価ソフトウェアでは、測定された形体から面や軸を定義でき、軸と面の交点や2点間の中点、点同士を結ぶ線を定義することもできる。今回のグループデータムを含むデータム系の設定や、断面の測定をするときなどに用いる。

5.2.3 (2)　幾何公差の設定

基準を合わせた後は、図面に基づいて幾何公差を設定していく作業となる。具体的には、モデル上で形体を選び、必要な幾何公差を指定していく（3DAモデルの情報を読み込めるソフトウェアであればこの作業も不要）。すでに基準合わせが終わっているため、幾何公差を設定した時点でCADモデルと撮影モデルとの偏差が出力される（**図5-18**）。

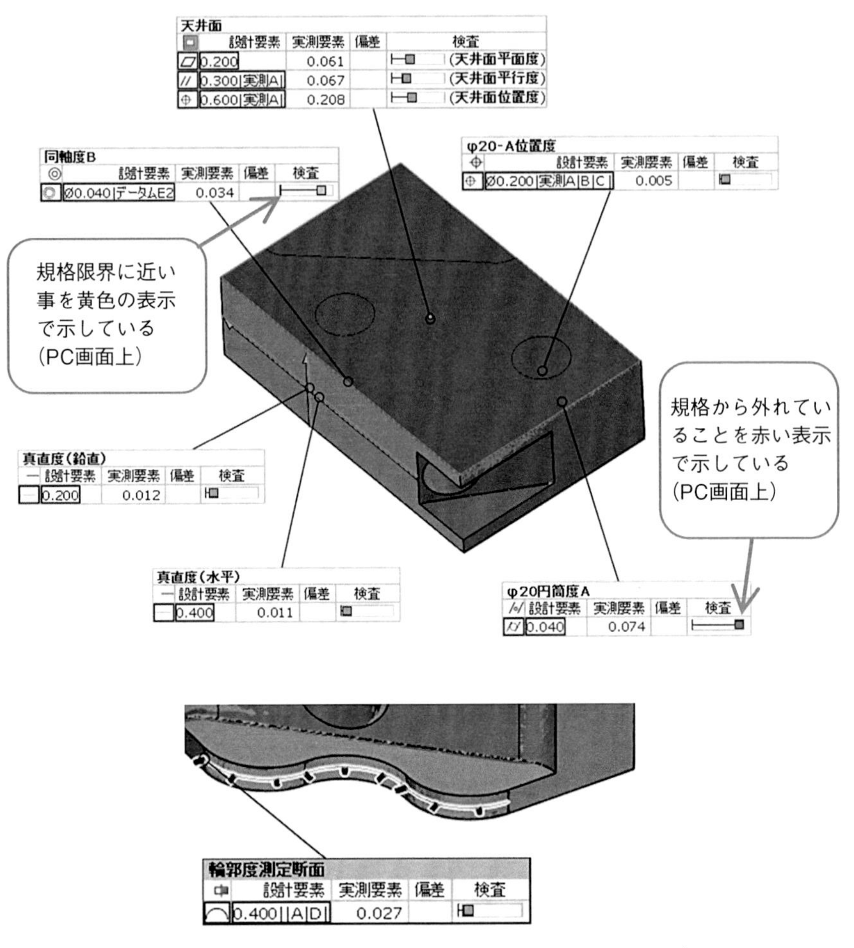

図 5-18　幾何公差の設定（評価ソフト：GOM Inspect）

5.2.3 (3)　測定と評価

結果をレポート形式にまとめる機能を利用し、アウトプットを行う（**図 5-19**）。この結果を受け、指定した公差の是非を判断する。

Generated with GOM Inspect Professional 2019　gom

テストワーク評価結果

プラーナー講習用_アルミ切削品_標準

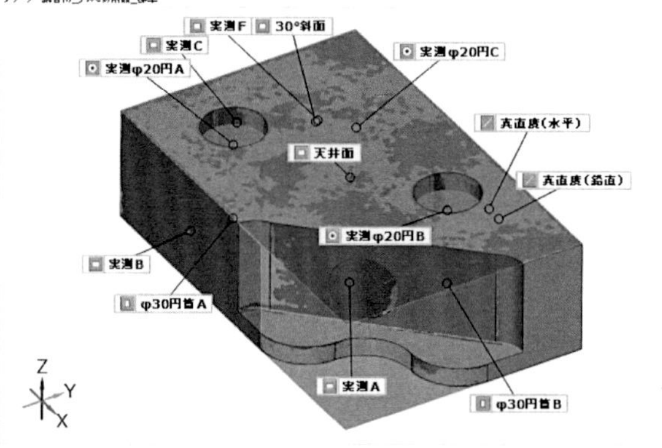

Element	Datum	Property	Nominal	Actual	Tol -	Tol +	Dev	Check	Out
真直度(鉛直)断面		―	+0.000	+0.012	+0.000	+0.200	+0.012		
真直度(水平)断面		―	+0.000	+0.011	+0.000	+0.400	+0.011		
B	実測A|	⊥	+0.000	+0.026	+0.000	+0.400	+0.026		
C	実測A|B|	⊥	+0.000	+0.032	+0.000	+0.400	+0.032		
天井面		▱	+0.000	+0.061	+0.000	+0.200	+0.061		
A		▱	+0.000	+0.059	+0.000	+0.200	+0.059		
天井面	実測A|	//	+0.000	+0.067	+0.000	+0.300	+0.067		
φ30円筒A	φ20穴A	◎Ø	+0.000	+0.030	+0.000	+0.040	+0.030		
φ30円筒B	φ20穴B	◎Ø	+0.000	+0.034	+0.000	+0.040	+0.034		
φ20穴A		⌭Ø	+0.000	+0.074	+0.000	+0.040	+0.074		+0.034
φ20穴B		⌭Ø	+0.000	+0.043	+0.000	+0.040	+0.043		+0.003
30°斜面	C	∠	+0.000	+0.035	+0.000	+0.400	+0.035		
φ20円A	実測A|B|C|	⌖Ø	+0.000	+0.005	+0.000	+0.200	+0.005		
φ20円B	実測A|B|C|	⌖Ø	+0.000	+0.028	+0.000	+0.200	+0.028		
天井面	実測A|	⌖	+0.000	+0.208	+0.000	+0.600	+0.208		
実測φ20円C	実測F	⌖	+0.000	+0.009	+0.000	+0.400	+0.009		
輪郭度測定断面	|A|D|	⌒	+0.000	+0.027	+0.000	+0.400	+0.027		

平面-ライン-点　長さ単位：mm

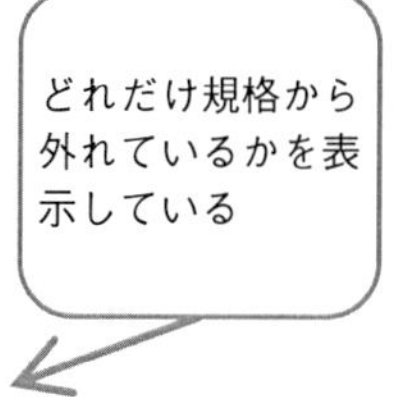

図 5–19　測定結果のアウトプット（評価ソフト：GOM Inspect）

数値的なアウトプット以外では、偏差の度合いを色で表現することで視覚的に判断することができるカラーマップ（図 5–20）という機能がある。こちらは正確な測定というよりも、偏差の傾向を確認するのに適している。例えば、樹脂成型品の反りやヒケの傾向などが可視化され、金型の修正箇所をいち早く発見するのに役立てることもできる。

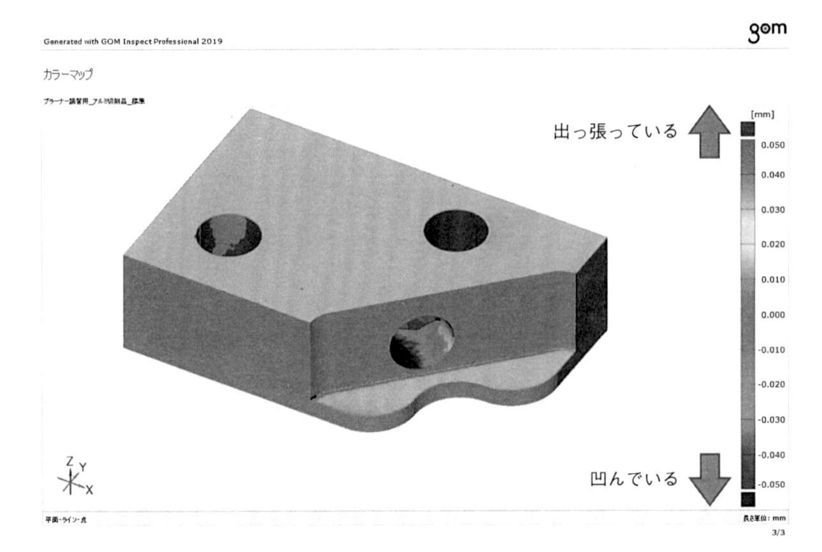

図 5-20　測定結果のカラーマップ（評価ソフト：GOM Inspect）

非接触３次元測定とその評価は、今後もシステムの性能向上に伴って普及が進んでいくとみられており、読者の方々が触れる機会も増えていくことだろう。今回の事例が、利用するにあたって参考になれば幸いである。

5.3 どの幾何公差にどのような測定機器を使えば良いのか

本章では、接触式・非接触式の3次元測定機の測定例を紹介した。幾何公差の測定については、3次元測定が理想的である。ここでは、マイクロメータ、ダイヤルゲージ、すきまゲージ、ピンゲージなどの汎用測定機での簡易測定を含めた各幾何公差の測定方法を、JEITA（電子情報技術産業協会）で作成した「幾何公差の検証・測定例集 Ver.2」から一部抜粋して掲載した。本書では、形状公差・姿勢公差・位置公差から平面度・直角度・位置度の一部を紹介する。また、下記URLからダウンロードすれば、すべての幾何公差について見ていただくことができる。

ダウンロード先：https://home.jeita.or.jp/3d/

（※ 個人情報の登録が必要）

【測定事例抜粋】

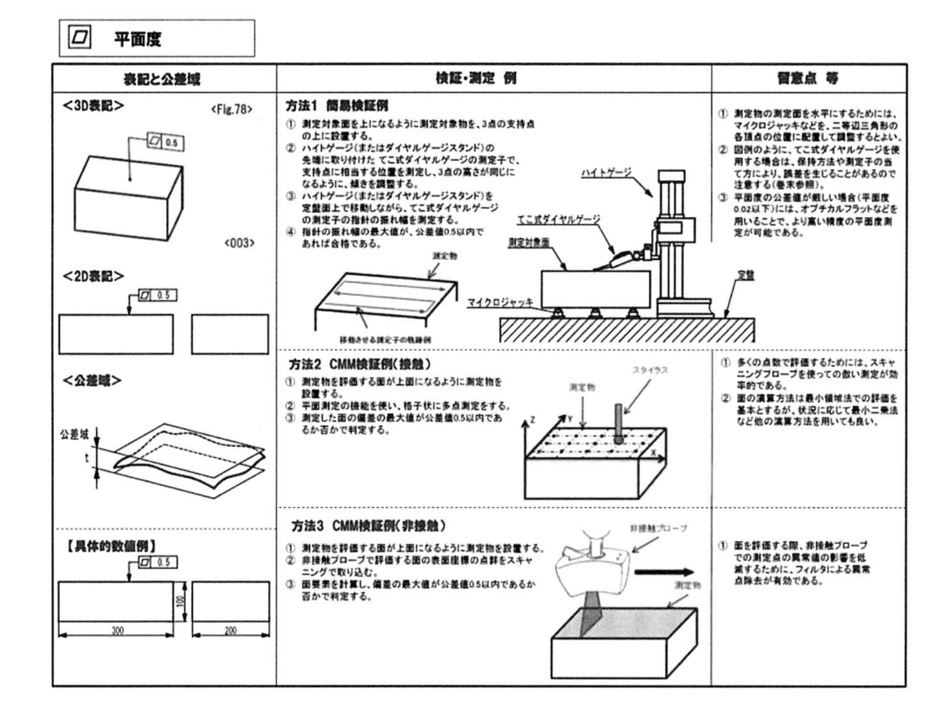

平面度

表記と公差域	検証・測定 例	留意点 等
<3D表記> <Fig.78> 0.5 <003> <2D表記> 0.5 <公差域> 公差域 t	**方法1 簡易検証例** ① 測定対象面を上になるように測定対象物を、3点の支持点の上に設置する。 ② ハイトゲージ(またはダイヤルゲージスタンド)の先端に取り付けた てこ式ダイヤルゲージの測定子で、支持点に相当する位置を測定し、3点の高さが同じになるように、傾きを調整する。 ③ ハイトゲージ(またはダイヤルゲージスタンド)を定盤面上で移動しながら、てこ式ダイヤルゲージの測定子の指針の振れ幅を測定する。 ④ 指針の振れ幅の最大値が、公差値0.5以内であれば合格である。 測定物 移動させる測定子の軌跡例 ハイトゲージ てこ式ダイヤルゲージ 測定対象面 マイクロジャッキ 定盤	① 測定物の測定面を水平にするためには、マイクロジャッキなどを、二等辺三角形の各頂点の位置に配置して調整するとよい。 ② 図例のように、てこ式ダイヤルゲージを使用する場合は、保持方法や測定子の当て方により、誤差を生じることがあるので注意する(巻末参照)。 ③ 平面度の公差値が厳しい場合(平面度0.02以下)には、オプチカルフラットなどを用いることで、より高い精度の平面度測定が可能である。
	方法2 CMM検証例(接触) ① 測定物を評価する面が上面になるように測定物を設置する。 ② 平面測定の機能を使い、格子状に多点測定をする。 ③ 測定した面の偏差の最大値が公差値0.5以内であるか否かで判定する。 スタイラス 測定物 Z Y X	① 多くの点数で評価するためには、スキャニングプローブを使っての倣い測定が効率的である。 ② 面の演算方法は最小領域法での評価を基本とするが、状況に応じて最小二乗法など他の演算方法を用いても良い。
【具体的数値例】 0.5 100 300 200	**方法3 CMM検証例(非接触)** ① 測定物を評価する面が上面になるように測定物を設置する。 ② 非接触プローブで評価する面の表面座標の点群をスキャニングで取り込む。 ③ 面要素を計算し、偏差の最大値が公差値0.5以内であるか否かで判定する。 非接触プローブ 測定物	① 面を評価する際、非接触プローブでの測定点の異常値の影響を低減するために、フィルタによる異常点除去が有効である。

⊥ 直角度

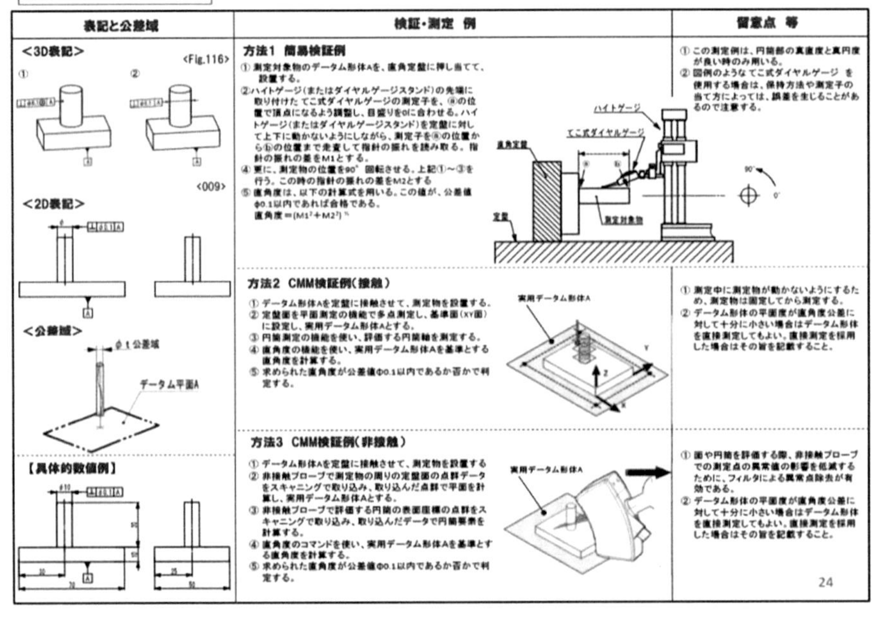

表記と公差域	検証・測定　例	留意点　等
<3D表記> <Fig.116> ①　② <009>	**方法1　簡易検証例** ① 測定対象物のデータム形体Aを、直角定盤に押し当てて、設置する。 ②ハイトゲージ（またはダイヤルゲージスタンド）の先端に取り付けた てこ式ダイヤルゲージの測定子を、ⓐの位置で頂点になるよう調整し、目盛りを0に合わせる。ハイトゲージ（またはダイヤルゲージスタンド）を定盤に対して上下に動かないようにしながら、測定子をⓐの位置からⓑの位置まで走査して指針の振れを読み取る。指針の振れの差をM1とする。 ④ 更に、測定物の位置を90° 回転させる。上記①～③を行う。この時の指針の振れの差をM2とする ⑤ 直角度は、以下の計算式を用いる。この値が、公差値φ0.1以内であれば合格である。 直角度＝(M1²＋M2²)½	① この測定例は、円筒部の真直度と真円度が良い時のみ用いる。 ② 図例のような てこ式ダイヤルゲージ を使用する場合は、保持方法や測定子の当て方によっては、誤差を生じることがあるので注意する。
<2D表記> <公差域> φt 公差域 データム平面A	**方法2　CMM検証例（接触）** ① データム形体Aを定盤に接触させて、測定物を設置する。 ② 定盤面を平面測定の機能で多点測定し、基準面（XY面）に設定し、実用データム形体Aとする。 ③ 円筒測定の機能を使い、評価する円筒軸を測定する。 ④ 直角度の機能を使い、実用データム形体Aを基準とする直角度を計算する。 ⑤ 求められた直角度が公差値Φ0.1以内であるか否かで判定する。	① 測定中に測定物が動かないようにするため、測定物は固定してから測定する。 ② データム形体の平面度が直角度公差に対して十分に小さい場合はデータム形体を直接測定してもよい。直接測定を採用した場合はその旨を記載すること。
【具体的数値例】	**方法3　CMM検証例（非接触）** ① データム形体Aを定盤に接触させて、測定物を設置する ② 非接触プローブで測定物の周りの定盤面の点群データをスキャニングで取り込み、取り込んだ点群で平面を計算し、実用データム形体Aとする。 ③ 非接触プローブで評価する円筒の表面座標の点群をスキャニングで取り込み、取り込んだデータで円筒要素を計算する。 ④ 直角度のコマンドを使い、実用データム形体Aを基準とする直角度を計算する。 ⑤ 求められた直角度が公差値Φ0.1以内であるか否かで判定する。	① 面や円筒を評価する際、非接触プローブでの測定点の異常値の影響を低減するために、フィルタによる異常点除去が有効である。 ② データム形体の平面度が直角度公差に対して十分に小さい場合はデータム形体を直接測定してもよい。直接測定を採用した場合はその旨を記載すること。

⊕ 位置度

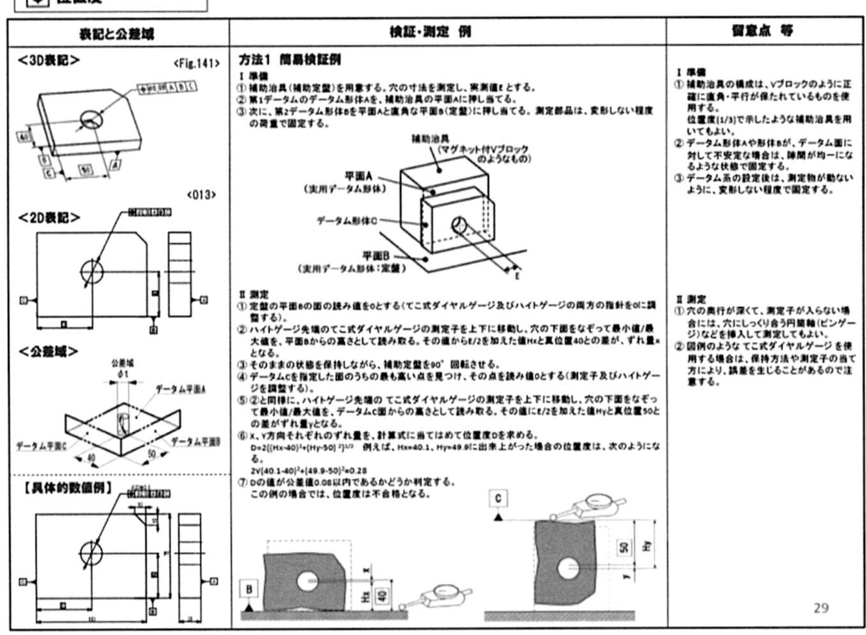

表記と公差域	検証・測定　例	留意点　等
<3D表記> <Fig.141> <013> <2D表記> <公差域> 公差域 φt データム平面A データム平面C データム平面B 40　50 【具体的数値例】	**方法1　簡易検証例** Ⅰ 準備 ① 補助治具（補助定盤）を用意する。穴の寸法を測定し、実測値Eとする。 ② 第1データムのデータム形体Aを、補助治具の平面Aに押し当てる。 ③ 次に、第2データム形体Bを平面Aと直角な平面B（定盤）に押し当てる。測定部品は、変形しない程度の荷重で固定する。 Ⅱ 測定 ① 定盤の平面Bの面の読み値を0とする（てこ式ダイヤルゲージ及びハイトゲージの両方の指針を0に調整する）。 ② ハイトゲージ先端のてこ式ダイヤルゲージの測定子を上下に移動し、穴の下面をなぞって最小値/最大値を、平面Bからの高さとして読み取る。その値からE/2を加えた値Hxと真位置40との差が、ずれ量xとなる。 ③ そのままの状態を保持しながら、補助定盤を90° 回転させる。 ④ データムCを指定した面のうちの最も高い点を見つけ、その点を読み値0とする（測定子及びハイトゲージを調整する）。 ⑤ ②と同様に、ハイトゲージ先端の てこ式ダイヤルゲージの測定子を上下に移動し、穴の下面をなぞって最小値/最大値を、データムC面からの高さとして読み取る。その値にE/2を加えた値Hyと真位置50との差がずれ量yとなる。 ⑥ X、Y方向それぞれのずれ量を、計算式に当てはめて位置度Dを求める。 D=2{(Hx-40)²+(Hy-50)²}^1/2　例えば、Hx=40.1、Hy=49.9に出来上がった場合の位置度は、次のようになる。 2√(40.1-40)²+(49.9-50)²=0.28 ⑦ Dの値が公差値0.08以内であるかどうか判定する。 この例の場合では、位置度は不合格となる。	Ⅰ 準備 ① 補助治具の構成は、Vブロックのように正確に直角・平行が保たれているものを使用する。 位置度(1/3)で示したような補助治具を用いてもよい。 ② データム形体Aや形体Bが、データム面に対して不安定な場合は、隙間が均一になるような状態で固定する。 ③ データム系の設定後は、測定物が動かないように、変形しない程度で固定する。 Ⅱ 測定 ① 穴の奥行が深くて、測定子が入らない場合には、穴にしっくり合う円筒軸（ピンゲージ）などを挿入して測定してもよい。 ② 図例のような てこ式ダイヤルゲージ を使用する場合は、保持方法や測定子の当て方により、誤差を生じることがあるので注意する。

5.4 課題と今後の展望

CAD モデルとの照合が可能な評価ソフトウェアでは、サイズの設計値をモデルによって読み込むことができるため、公差情報だけ入力してやれば評価が可能になる。これは、模範形状との照合が必須となる輪郭度の評価に対して特に有効であり、作業時間短縮にもなる。

さらに、3DA モデルに入っている公差情報を自動的に読み込める評価システムが登場し始めており、より効率的な評価の流れを構築できる技術が確立されつつある。

課題もある。切削金属加工品のような鏡面を有する素材、ガラスのような透明な素材、黒色の素材、極小の品物については現状の非接触式 3 次元測定機では正確な測定が困難とされている。複雑な形状を持ち、なおかつ 1/100 mm 以下の高精度が求められる部品（自動車のエンジン部品など）に対しては精度保証が可能なレベルにあるとは言い難い。

ただし、近年では計測用 X 線 CT 型 3 次元測定機など、弱点を克服した測定機も登場しており、今後は様々な分野の製品への適用が進んでいくと思われる。

これらの新しい技術が公差設計と連携することにより、設計・製造・測定部門で意思の通ったモノづくりができる。

（参考資料） 正規分布表

Kε	*= 0	1	2	3	4
0.0*	0.5	0.496011	0.492022	0.488033	0.484047
0.1*	0.460172	0.456205	0.452242	0.448283	0.44433
0.2*	0.42074	0.416834	0.412936	0.409046	0.405165
0.3*	0.382089	0.378281	0.374484	0.3707	0.366928
0.4*	0.344578	0.340903	0.337243	0.333598	0.329969
0.5*	0.308538	0.305026	0.301532	0.298056	0.294598
0.6*	0.274253	0.270931	0.267629	0.264347	0.261086
0.7*	0.241964	0.238852	0.235762	0.232695	0.22965
0.8*	0.211855	0.20897	0.206108	0.203269	0.200454
0.9*	0.18406	0.181411	0.178786	0.176186	0.173609
1.0*	0.158655	0.156248	0.153864	0.151505	0.14917
1.1*	0.135666	0.1335	0.131357	0.129238	0.127143
1.2*	0.11507	0.11314	0.111233	0.109349	0.107488
1.3*	0.096801	0.095098	0.093418	0.091759	0.090123
1.4*	0.080757	0.07927	0.077804	0.076359	0.074934
1.5*	0.066807	0.065522	0.064256	0.063008	0.06178
1.6*	0.054799	0.053699	0.052616	0.051551	0.050503
1.7*	0.044565	0.043633	0.042716	0.041815	0.040929
1.8*	0.03593	0.035148	0.034379	0.033625	0.032884
1.9*	0.028716	0.028067	0.027429	0.026803	0.02619
2.0*	0.02275	0.022216	0.021692	0.021178	0.020675
2.1*	0.017864	0.017429	0.017003	0.016586	0.016177
2.2*	0.013903	0.013553	0.013209	0.012874	0.012545
2.3*	0.010724	0.010444	0.01017	0.009903	0.009642
2.4*	0.008198	0.007976	0.00776	0.007549	0.007344

5	6	7	8	9
0.480061	0.476078	0.472097	0.468119	0.464144
0.440382	0.436441	0.432505	0.428576	0.424655
0.401294	0.397432	0.39358	0.389739	0.385908
0.363169	0.359424	0.355691	0.351973	0.348268
0.326355	0.322758	0.319178	0.315614	0.312067
0.29116	0.28774	0.284339	0.280957	0.277595
0.257846	0.254627	0.251429	0.248252	0.245097
0.226627	0.223627	0.22065	0.217695	0.214764
0.197662	0.194894	0.19215	0.18943	0.186733
0.171056	0.168528	0.166023	0.163543	0.161087
0.146859	0.144572	0.14231	0.140071	0.137857
0.125072	0.123024	0.121001	0.119	0.117023
0.10565	0.103835	0.102042	0.100273	0.098525
0.088508	0.086915	0.085344	0.083793	0.082264
0.073529	0.072145	0.070781	0.069437	0.068112
0.060571	0.05938	0.058208	0.057053	0.055917
0.049471	0.048457	0.04746	0.046479	0.045514
0.040059	0.039204	0.038364	0.037538	0.036727
0.032157	0.031443	0.030742	0.030054	0.029379
0.025588	0.024998	0.024419	0.023852	0.023295
0.020182	0.019699	0.019226	0.018763	0.018309
0.015778	0.015386	0.015003	0.014629	0.014262
0.012224	0.011911	0.011604	0.011304	0.011011
0.009387	0.009137	0.008894	0.008656	0.008424
0.007143	0.006947	0.006756	0.006569	0.006387

Kε *=	0	1	2	3	4
2.5＊	0.00621	0.006037	0.005868	0.005703	0.005543
2.6＊	0.004661	0.004527	0.004397	0.004269	0.004145
2.7＊	0.003467	0.003364	0.003264	0.003167	0.003072
2.8＊	0.002555	0.002477	0.002401	0.002327	0.002256
2.9＊	0.001866	0.001807	0.00175	0.001695	0.001641
3.0＊	0.00135	0.001306	0.001264	0.001223	0.001183
3.1＊	0.000968	0.000936	0.000904	0.000874	0.000845
3.2＊	0.000687	0.000664	0.000641	0.000619	0.000598
3.3＊	0.000483	0.000467	0.00045	0.000434	0.000419
3.4＊	0.000337	0.000325	0.000313	0.000302	0.000291
3.5＊	0.000233	0.000224	0.000216	0.000208	0.0002
3.6＊	0.000159	0.000153	0.000147	0.000142	0.000136
3.7＊	0.000108	0.000104	0.0000996	0.0000958	0.000092
3.8＊	0.0000724	0.0000695	0.0000667	0.0000641	0.0000615
3.9＊	0.0000481	0.0000462	0.0000443	0.0000425	0.0000408
4.0＊	0.0000317	0.0000304	0.0000291	0.0000279	0.0000267
4.1＊	0.0000207	0.0000198	0.000019	0.0000181	0.0000174
4.2＊	0.0000134	0.0000128	0.0000122	0.0000117	0.0000112
4.3＊	0.00000855	0.00000817	0.00000781	0.00000746	0.00000713
4.4＊	0.00000542	0.00000517	0.00000494	0.00000472	0.0000045
4.5＊	0.0000034	0.00000324	0.00000309	0.00000295	0.00000282
4.6＊	0.00000211	0.00000202	0.00000192	0.00000183	0.00000174
4.7＊	0.0000013	0.00000124	0.00000118	0.00000112	0.00000107
4.8＊	0.000000794	0.000000756	0.000000719	0.000000684	0.00000065
4.9＊	0.00000048	0.000000456	0.000000433	0.000000412	0.000000391
5.0＊	0.000000287	0.000000273	0.000000259	0.000000246	0.000000233

5	6	7	8	9
0.005386	0.005234	0.005085	0.00494	0.004799
0.004025	0.003907	0.003793	0.003681	0.003573
0.00298	0.00289	0.002803	0.002718	0.002635
0.002186	0.002118	0.002052	0.001988	0.001926
0.001589	0.001538	0.001489	0.001441	0.001395
0.001144	0.001107	0.00107	0.001035	0.001001
0.000816	0.000789	0.000762	0.000736	0.000711
0.000577	0.000557	0.000538	0.000519	0.000501
0.000404	0.00039	0.000376	0.000362	0.00035
0.00028	0.00027	0.00026	0.000251	0.000242
0.000193	0.000185	0.000179	0.000172	0.000165
0.000131	0.000126	0.000121	0.000117	0.000112
0.0000884	0.000085	0.0000816	0.0000784	0.0000753
0.0000591	0.0000567	0.0000544	0.0000522	0.0000501
0.0000391	0.0000375	0.000036	0.0000345	0.0000331
0.0000256	0.0000245	0.0000235	0.0000225	0.0000216
0.0000166	0.0000159	0.0000152	0.0000146	0.000014
0.0000107	0.0000102	0.00000978	0.00000935	0.00000894
0.00000681	0.00000651	0.00000622	0.00000594	0.00000567
0.0000043	0.0000041	0.00000391	0.00000374	0.00000356
0.00000268	0.00000256	0.00000244	0.00000233	0.00000222
0.00000166	0.00000158	0.00000151	0.00000144	0.00000137
0.00000102	0.000000969	0.000000922	0.000000878	0.000000835
0.000000618	0.000000588	0.000000559	0.000000531	0.000000505
0.000000372	0.000000353	0.000000335	0.000000318	0.000000302
0.000000221	0.00000021	0.000000199	0.000000189	0.000000179

参考文献

・『設計者は図面で語れ！ケーススタディで理解する　公差設計入門』
　著：栗山晃治、木下悟志　　日刊工業新聞社（2016）
・『幾何公差　設計に活かす「加工」「計測」の視点』
　著：高戸雄二、名取久仁春、木下悟志　　森北出版（2015）
・『JISハンドブック　製図　2018』　日本規格協会（2018）
・『設計のムダ取り　公差設計入門』　著：栗山弘　　日経BP社（2011）

＜JIS規格＞（日本規格協会）
・JIS B0021：1998　製品の幾何特性仕様（GPS）―幾何公差表示方式―形状、姿勢、位置及び振れの公差表示方式
・JIS B0022：1984　幾何公差のためのデータム
・JIS B0024：2019　製品の幾何特性仕様（GPS）―基本原則―GPS指示に関わる概念、原則及び規則
・JIS B0025：1998　製図―幾何公差表示方式―位置度公差方式
・JIS B0027：2000　製図―輪郭の寸法及び公差の表示方式
・JIS B0401-1：2016　製品の幾何特性仕様（GPS）―長さに関わるサイズ公差のISOコード方式―第1部：サイズ公差、サイズ差及びはめあいの基礎
・JIS B0420-1：2016　製品の幾何特性仕様（GPS）―寸法の公差表示方式―第1部：長さに関わるサイズ
・JIS B0621：1984　幾何偏差の定義及び表示
・JIS B0672-1：2002　製品の幾何特性仕様（GPS）―形体―第1部：一般用語及び定義

＜JEITA＞（電子情報技術産業協会）
・幾何公差の検証・測定例集 Ver. 2

索　　引

著者略歴

監修：栗山　弘（くりやま・ひろし）
株式会社プラーナー
会長

1976年、セイコーエプソン株式会社入社。24年間、開発・設計部門でウォッチや映像機器などの世界初商品の開発に従事。2000年に設計・技術研修センター部長に就任。同社在籍中およびそれ以降を含め約300件の特許を出願する。2001年にプラーナーを設立（社長）、2012年から会長。高度ポリテクセンターや信州大学のほか、約100社の上場企業内で公差解析や設計教育で指導実績を持つ。企業にて約1,200テーマの実務課題解決を支援し、当該企業からその成果事例も多数発表されている。3次元設計能力検定協会理事なども務める。おもな著書に「3次元CADから学ぶ機械設計入門」（森北出版）、「公差設計入門」（日経BP）などがあるほか、「機械設計」（日刊工業新聞社）や「日経ものづくり」（日経BP）など技術雑誌への寄稿が多数ある。

著者：栗山　晃治（くりやま・こうじ）
株式会社プラーナー
代表取締役社長

3次元公差解析ソフトをベースとした大手電機・自動車メーカーへのソフトウェア立ち上げ・サポート支援、GD&T企業研修講師、公差設計に関する企業事例の米国での講演などにより実績を重ねる。3次元解析ソフトを使用したGD&T実践コンサルなど、さらなる新境地を開拓している。著書は「強いものづくりのための公差設計入門講座　今すぐ実践！公差設計」（工学研究社）、「3次元CADから学ぶ機械設計入門」（森北出版）、「3次元CADによる手巻きウインチの設計」（パワー社）、「機械設計2015年5月号　特集　グローバル時代に対応！事例でわかる公差設計の基礎知識」（日刊工業新聞社）など、多数。

著者：北沢　喜一（きたざわ・きいち）
株式会社プラーナー
シニアコンサルタント

セイコーエプソン株式会社にて、時計の外装設計・技術に長年携わり、開発設計における幅広い視野での知識と経験を持つ。その経験を活かし、2017年より株式会社プラーナー シニアコンサルタントとして、数多くの企業・公的機関にて公差設計、幾何公差の教育およびGD&T実践指導などを行う。

監修：栗山弘
著者：栗山晃治
　　　北沢喜一
協力：高戸雄二
　　　高橋史生

資料提供者：ヤマハ株式会社

設計者は図面で語れ！
ケーススタディで理解する幾何公差入門
公差設計をきちんと行うための勘どころ **NDC 531.9**

2020年 7月27日 初版1刷発行
2023年 1月31日 初版4刷発行
（定価は，カバーに表示してあります）

監修 栗山 弘
©著者 栗山 晃治
北沢 喜一
発行者 井水 治博
発行所 日刊工業新聞社
〒103-8548 東京都中央区日本橋小網町14-1
電話 編集部 03（5644）7490
販売部 03（5644）7410
FAX 03（5644）7400
振替口座 00190-2-186076
URL https://pub.nikkan.co.jp/
e-mail info@media.nikkan.co.jp

印刷・製本 新日本印刷（POD3）

2020 Printed in Japan 落丁・乱丁本はお取り替えいたします．
ISBN 978-4-526-08072-2